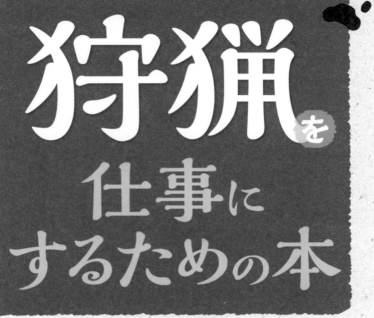

狩猟を
仕事にするための本

東雲輝之 著

秀和システム

はじめに

　突然ですが。この本は次のような方が読んでも、有益な情報は得られません。

① ノーリスクで大儲けがしたい人
② 今すぐに仕事を止めて狩猟で収入を得たい人
③ 人間関係を気にせずに田舎で悠々自適に暮らしたい人

　「狩猟を仕事に」というタイトルを見て、この本を手に取った方の中には、上記のようなイメージを持たれていた方も多いのではないでしょうか。しかし実際のところ、狩猟を生業にするのというのは決して簡単なことではありません。
　なぜなら狩猟を仕事にするためには、野生鳥獣という不安定な存在を経営資源にしなければならないうえ、野生鳥獣を捕まえるためには銃や罠を扱う特殊な技術、また、野生鳥獣に関する知識と洞察力が必要になります。さらに、狩猟を行う場所を確保するためには、地元の人たちと交渉できる対人間関係能力も重要になります。
　とどのつまり、『狩猟を仕事にできる人』というのは、『勤勉で技術習得に優れ、経営能力と営業力に優れた凄腕ビジネスマン』でなければ難しいといえます。このような人は間違いなく、狩猟を仕事にするよりも**普通に働いた方が稼ぎは良い**です。

　しかし、もしあなたが「狩猟を仕事にする」という言葉に対して次のようなイメージを持っているのでしたら、是非とも0章をご一読ください。

① 自分の裁量で時間を自由に使える働き方をしたい人
② 生活と仕事のバランスを両立させながら、田舎で過ごしたい人
③ 特殊な技術・技能を身に付けて、人のためになる仕事がしたい人

　本書の0章では、実際に狩猟を仕事にしている7人の実例をご紹介しています。そこではこのような人たちが、どのようなバックグラウンド持っていて、なぜ狩猟を仕事にしようと思ったのか、どのようにして収入を得ているのか、などを詳しくご紹介しています。そこには、あなたの人生を"豊か"にするエッセンスが含まれているはずです。

あなたにとっての新しい価値観の扉を開く、『猟師』の世界へようこそ！

CONTENTS

Chapter 3
ジビエビジネス

113

Chapter 4
物販ビジネス

155

Chapter 5
情報戦略

177

Chapter
0

猟師プロファイル

　現代社会で狩猟を生業にすることは、収入という面から見ると決して恵まれているとはいえません。しかし、時間や組織に縛られない働き方、仕事のやりがい、ワークライフバランスといった面で考慮すると、驚くほど"豊か"な生き方なのかもしれません。そこで本題に入る前に、現在狩猟を生業にしている人たちが、どのようなビジネスモデルやライフスタイルを築いているのか、その一部をご紹介しましょう。

1. 狩猟業で6次産業化・『奥日田獣肉店』の事例

「ひとり深山に潜伏し、食うや食わずで獲物を追い求める」。そんなストイックな猟師像は大昔の話。現代の狩猟業は、皆さんが想像する以上にバラエティにとんだ働き方だったりします。大分県日田市で活動する草野貴弘さんは、捕獲した獣肉を販売して収入を得るだけでなく、自分たちが運営するキッチンカー『野良CAFE』で猟師飯を提供するなど、狩猟の6次産業化で生計を立てる専業猟師です。

● 都心から地方へ。移住してから始めた狩猟業

　大分県北西部、江戸時代には天領として栄えた日田市の奥日田エリアに、草野さんが運営するジビエ処理施設『奥日田獣肉店』はあります。元は福岡の都心部で働いていたという草野さんが、この場所で狩猟業を営むようになった理由とは、はたして何なのでしょうか？

　「35歳のころに現在の妻と一緒に地域おこし協力隊としてこの地に移住してきました。地域おこし協力隊では観光に関する業務を任されていたのですが、趣味で狩猟を始めたことをきっかけに猟師としての働き方に興味を持ち、地域おこし協力隊の任期が切れると同時に専業猟師として活動するようになりました。」

猟師プロファイル

氏名	草野 貴弘
屋号	奥日田獣肉店
生年月日	昭和56年2月13日
始業年	令和2年（移住は平成29年）
前職	出版社営業・制作 → 地域おこし協力隊
使用猟具	くくりわな、散弾銃（ミロクMSS-20）
コンタクト	Instagram：okuhita1029

業務スケジュール

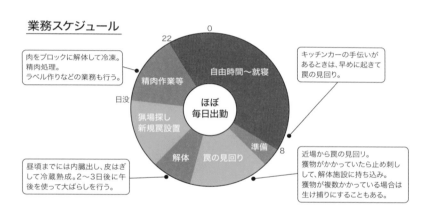

肉をブロックに解体して冷凍。
精肉処理。
ラベル作りなどの業務も行う。

精肉作業等

自由時間〜就寝

ほぼ
毎日出勤

猟場探し
新規罠設置

解体

罠の見回り

準備

日没

22

0

8

キッチンカーの手伝いが
あるときは、早めに起きて
罠の見回り。

近場から罠の見回り。
獲物がかかっていたら止め刺し
して、解体施設に持ち込み。
獲物が複数かかっている場合は
生け捕りにすることもある。

昼頃までには内臓出し、皮はぎ
して冷蔵熟成。2〜3日後に午
後を使って大ばらしを行う。

売上セグメント

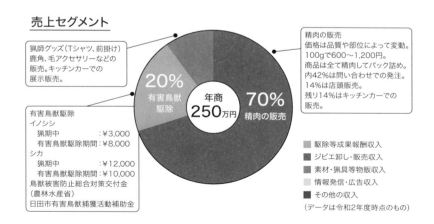

猟師グッズ（Tシャツ、前掛け）
鹿角、毛アクセサリーなどの
販売。キッチンカーでの
展示販売。

有害鳥獣駆除
イノシシ
　猟期中　　　　　：¥3,000
　有害鳥獣駆除期間：¥8,000
シカ
　猟期中　　　　　：¥12,000
　有害鳥獣駆除期間：¥10,000
鳥獣被害防止総合対策交付金
（農林水産省）
日田市有害鳥獣捕獲活動補助金

20%
有害鳥獣
駆除

年商
250万円

70%
精肉の販売

精肉の販売
価格は品質や部位によって変動。
100gで600〜1,200円。
商品は全て精肉にしてパック詰め。
内42%は問い合わせでの発注。
14%は店頭販売。
残り14%はキッチンカーでの
販売。

■ 駆除等成果報酬収入
■ ジビエ卸し・販売収入
■ 素材・猟具等物販収入
□ 情報発信・広告収入
■ その他の収入
（データは令和2年度時点のもの）

● 田舎移住で得た新しいライフスタイル

「猟師で生計を立てる」という話は、人によっては「大自然の中で生活する質素な生活」、悪い言い方をすれば「ひもじい生活」を想像するかもしれません。しかし草野さんは今の生活を苦に思

ったことはなく、むしろ都会でサラリーマンをしていたころよりも生活は豊かになったと語ります。

「収入はサラリーマン時代の半分になりましたが、支出は半分以下になりました。住居と解体施設がある土地は、もとは地域おこし協力隊のときに斡旋された物件でしたが、現在はそこを買い取って生活をしています。購入金額は移住者支援の補助金を使って100万円程度です。水道代もほとんどタダみたいなものなので、固定費は光熱費と通信費ぐらいですね。それと、外食や浪費が減ったのも大きいと思います。交際費も減りましたが、友人たちとの交友は今でも続いており、たまに家に遊びに来てくれます。」

草野さんが住んでいる奥日田は「田舎」ではありますが、車で20分も走れば市街地で買い物ができます。また、ネット通販を利用すれば大概のものは手に入るので、物質的な不便を感じたことはまったくないそうです。

「金銭的な面に加え、時間の作り方も変わりました。都会で働いているときは帰宅時間も休みもマチマチだったので、今の妻とは年に2、3日しか休みの日が合わない状態でした。しかし移住と同時に結婚したことで、今では共通の時間を楽しめるようになりました。この、『自分たちの時間をもっと大切にしたい』という思いも、移住を決めた動機の一つです。」

「人生100年時代」という言葉が注目される昨今、人生には金銭的な有形資産とあわせて、家族や友人関係、仕事のスキルや"やりがい"といった無形資産の重要性が増してきているといわれています。田舎に移住して狩猟を生業にするという生活は、そんなライフシフトを体現化する一つの道なのかもしれません。

● 6次産業化した新しい狩猟業の働き方

無形資産が大事だといっても、当然先立つものが無ければ飯を食っていけません。それでは草野さんは、どのような方法で収入を得ているのでしょうか？

「有害鳥獣駆除、ジビエの販売、猟師グッズ等の販売を、主な収入源にしています。有害鳥獣駆除は行政からの依頼を受けて田畑に出没する野生動物を捕獲する事業で、捕獲1頭当たりで報奨金が支払われます。ジビエの販売は有害鳥獣駆除で捕獲したシカやイノシシを、保健所から許可を受けた解体施設で処理し、食肉にして販売します。さらに、獲物の角や皮、毛、骨などはアクセサリーやペットフードなどに加工して販売しています。」

草野さんはさらに、奥さんと一緒にキッチンカー『野良CAFE』を運営し、そこで猟師飯の販売も行っています。しとめた獲物を売るだけの古い猟師像とは異なり、農林業に携わる1次産業、ジビエを生産する2次産業、そして販売を行う3次産業を融合させた6次産業化は、現代猟師ならではのビジネスモデルだといえます。

● "天然物"だからこそ、固定費をかけすぎないことが重要

どのような業界にせよ、事業には継続性の見通しが重要です。この件について草野さんはどのように考えているのでしょうか？

「生業の源泉である野生動物の旬は、年間わずかです。だからこそ経費はかけすぎないことが重要です。例えば私の運営する解体場はほぼ手作りなので、設備込みで200万円程度の出資です。もし、よそからお金を借りて何千万円もかけていたら、季節関係なく捕獲・販売をしなければならないため、質の良いお肉を提供し続けるのは難しいでしょう。」

巨額の投資で『必死に大きな売り上げを作る』資本主義的な経営ではなく、必要最低限の投資で『売上よりも満足度を重視する』。この考え方の違いが、草野さんの猟師としてのマインドセットなのだそうです。

猟師プロファイル

0

2. 高付加価値で増益、銃猟鹿肉専門店『しかや』の事例

令和元年度に政府は、今後『ジビエの利用量を倍増させる』という目標を打ち立て、ジビエ認証制度やプロモーション活動など様々な取り組みを行ってきました。この流れはジビエを生産する猟師にとって追い風のように思えますが、国産ジビエ市場は販売不振に悩まされているのが現状です。しかしそのような中、独自の販売戦略に舵を切り、赤字経営から一転、黒字化に成功したジビエ処理施設もあります。ジビエを食べるお客様を軸にして考える、この『しかや』の事例は、本来の意味での"猟師"に最も近い姿なのかもしれません。

● 1頭1頭を銃でしとめる「しかや」の仕事

日の出と共に、本間滋さんと森本祥予さんは、まだ薄暗い林道を注意深く観察しながら車を走らせます。木陰にわずかな鹿の影を発見した本間さんは、車を停めてゆっくりとした動作で降り、周囲の安全を確認したうえで獲物に狙いを定めます。スコープのレティクルを合わせる点は獲物の頭部。当たれば"必殺"となる急所への射撃は、最も獲物にストレスを感じさせない捕殺方法という意味で、「クリーンキル」と呼ばれています。

猟師プロファイル

氏名	本間 滋 / 森本 祥予（代表）
屋号	しかや
生年月日	昭和58年 / 昭和53年
始業年	平成31年
前職	ドライバー / ハイブランド店員
使用猟具	ミロク2700D（20番）/ ベレッタA400（20番）
コンタクト	Instagram：shikayadeer

0

猟師プロファイル

業務スケジュール

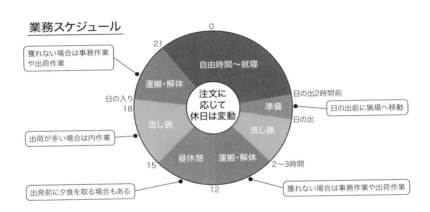

獲れない場合は事務作業や出荷作業

出荷が多い場合は内作業

出発前に夕食を取る場合もある

日の出前に猟場へ移動

獲れない場合は事務作業や出荷作業

売上セグメント

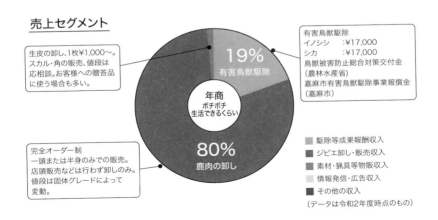

生皮の卸し、1枚¥1,000〜。スカル・角の販売、値段は応相談。お客様への贈答品に使う場合も多い。

完全オーダー制
一頭または半身のみでの販売。店頭販売などは行わず卸しのみ。値段は固体グレードによって変動。

有害鳥獣駆除
イノシシ　：¥17,000
シカ　　　：¥17,000
鳥獣被害防止総合対策交付金（農林水産省）
嘉麻市有害鳥獣駆除事業報償金（嘉麻市）

■ 駆除等成果報酬収入
■ ジビエ卸し・販売収入
■ 素材・猟具等物販収入
■ 情報発信・広告収入
■ その他の収入
（データは令和2年度時点のもの）

● 品質重視のため、銃猟によるクリーンキルにこだわる

「罠にかかったり、猟犬に追いた
てられたりした獲物は、過大なス
トレスを感じて肉質が悪くなり、特
に鹿肉ではそれが顕著です。」

そう語る本間さんが見せてくれ
た鹿肉は、確かに「ムワっ」とし
た嫌な臭いや、痛み、ムレなどが一切ありません。

「これは魚の"神経締め"と原理は同じです。私たち『しかや』がクリー
ンキルにこだわるのは、獲物に無用な苦しみを与えたくないという理由も
ありますが、最高品質のジビエをお客様に提供したいという思いからでも
あります。」

● 受注生産、一頭・半身販売で収益性が向上

現在の国産ジビエは、有害鳥獣捕獲などから得た屠体（とたい）を利用するケース
がほとんどです。しかし、『しかや』の場合は"肉ありき"でジビエを生産し
ているため、他のジビエ処理場とは大きく異なる販売戦略をとっています。

「『しかや』ではクリーンキルにこだわるだけでなく、受注生産、一頭・
半身販売という方法をとっています。開業したてのころは他のジビエ処理
場と同じように、捕獲都度生産・精肉販売をしていましたが、この方法で
は手間がかかるうえに商品の歩留まりが悪く、利益はほとんど出ていませ
んでした。しかし現在の販売方針に変えたことで在庫や廃棄が無くなり、
また品質を保てるため高収益化にいたることができました。」

一頭・半身販売とは、皮と内臓、頭などを取り外した状態で、骨付きの
まま販売する形態をさします。この方法では、通常の精肉販売よりも食肉
の歩留まりが多いだけでなく、解体にかかる手間を削減することができる
ため、結果的に時間当たりの収益増加が見込めます。開業当初は「他にア
ルバイトをしながら、なんとか継続を・・・」と考えていた本間さんと森
本さんですが、現在では専業でやっていけるだけの売り上げを得ることが
できるようになったそうです。

● ブランディング化でお客様の望む物を提供

　一頭・半身販売は確かに収益性を向上させるように思えますが、一般家庭で骨付き肉を丸ごと料理するのは難しいと思います。それでは、『しかや』では、どのようなルートでジビエを販売しているのでしょうか？

　「まず、店頭販売や小売店への一般流通は行っていません。販売先はすべて飲食店で、そのほとんどがフレンチやイタリアンなどの高級店です。販路は、『しかや』のジビエを気に入っていただいたシェフから口コミで広げていただいています。」

　『しかや』から入荷している福岡のフランス料理店・デフィ・ジョルジュマルソーのシェフ松岡孝治さんは、骨付き状態で販売してくれる『しかや』の鹿肉は、料理人側からしてもありがたいと語ります。

　「骨付き肉の方が熟成がしやすく、痛みにくいといったメリットがあります。また、骨やスジ肉といった部位はコンソメなどの材料になるので無駄にはなりません。」

　また、松岡シェフの話では、『しかや』の鹿肉は他のジビエ処理場と比べて、肉に『こわ張り』が少ないと語ります。

　「鹿肉料理では火の通し加減が最も重要です。こわ張りが少ない鹿肉は熱が通しやすいので、お客様に最高の鹿料理をお出しすることができます。」

　『しかや』の差異化（ポジショニング）という販売戦略は、元々ハイブランドで働いていた森本さんの考えなのだそうです。お客様の要望を聞き独自の戦略を打ちだす取り組みは、ジビエ販売に限らないビジネスの神髄ともいえます。

3. 罠猟具製造販売で法人成りを実現・『太田製作所』の事例

「ベンチャー企業」といえばIT業界での起業が思い浮かびますが、この合同会社太田製作所は驚くことに、狩猟業界で産声を上げた企業です。未だ海の物とも山の物とも知れない業界ですが、代表社員の太田政信さんは、「人の助けになることを続けていけば、収益は必ず後からついてくる」と語ります。

● 自分の畑を守るために始まった、箱わな作り

　合同会社太田製作所がある佐賀県嬉野市は、温暖な気候と、なだらかな裾野が広がる豊かな土地を持っており、米や野菜、特に茶葉の生産で有名な農業地帯です。しかし、そのような農業に適した環境は野生鳥獣にとっても住みやすい環境なので、嬉野市は古くから有害鳥獣による農作物被害、特にイノシシの被害に悩まされてきました。

　「私の実家は茶葉や米を作っている農家だったのですが、ご多分に漏れずイノシシによる掘り返しや"臭い付け"などによる被害が多く困っていました。現在弊社で行っている箱わなの製造は、当時『自分の畑は自分で守ろう』という思いで自作をしてみたことが、きっかけになっています。」

猟師プロファイル

氏名	太田 政信
会社名	合同会社太田製作所
生年月日	昭和63年11月7日
始業年	令和元年（個人事業は平成27年）
従業員	社員2名（内1名は妻）、パート3名
前職	農業（家業）
使用猟具	箱わな・アライグマ用わな
コンタクト	HP：太田製作所

業務スケジュール

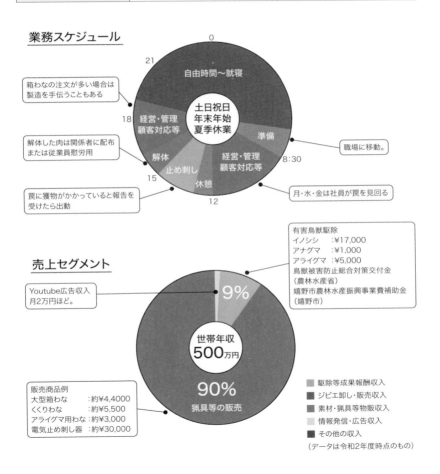

箱わなの注文が多い場合は製造を手伝うこともある

解体した肉は関係者に配布または従業員慰労用

罠に獲物がかかっていると報告を受けたら出動

職場に移動。

月・水・金は社員が罠を見回る

売上セグメント

Youtube広告収入 月2万円ほど。

有害鳥獣駆除
イノシシ　：¥17,000
アナグマ　：¥1,000
アライグマ　：¥5,000
鳥獣被害防止総合対策交付金（農林水産省）
嬉野市農林水産振興事業費補助金（嬉野市）

世帯年収 500万円

9%

90% 猟具等の販売

販売商品例
大型箱わな　：約¥4,4000
くくりわな　：約¥5,500
アライグマ用わな：約¥3,000
電気止め刺し器　：約¥30,000

- 駆除等成果報酬収入
- ジビエ卸し・販売収入
- 素材・猟具等物販収入
- 情報発信・広告収入
- その他の収入
（データは令和2年度時点のもの）

● 自分が困っていたからこそ作れた "太田式箱わな"

太田製作所で販売している罠や
猟具は、太田さんが実際に使って
みて、少しずつ改良を加えていっ
たものなのだそうです。

「20歳のころに初めて作った箱わ
なは、地元に置いてあった物の見
様見真似でした。もちろん初めから上手くできたわけではなく、扉が上手
く閉まらなかったり、トリガーが上手く作動しなかったりとトラブル続きで
した。しかし、トライ＆エラーを重ねて、現在の精錬したシンプルな構造
に近づけていきました。」

太田製作所で製造販売している箱わなは、他社の製品に比べてシンプル
なので、「設置がしやすく、獲物が警戒しにくい箱わな」として人気があり
ます。このような構造にいたったのも、ひとえに太田さんが自分自身の経
験をもとに試行錯誤を加えたからだといえます。

●「欲しい」という声があり、販売を開始

太田さんは自宅の畑をイノシシから自衛するために箱わなの自作を始め
たので、もともとは販売をする気はなかったと語ります。

「改良が進みイノシシが獲れるようになると、同じく被害に悩まされてい
た農家さんから『箱わなを売って欲しい』と声がかかるようになりました。
その声にこたえる形で、実家の農業を辞めて専業で箱わなの制作を始める
ようになったのは、27歳のころでした。」

太田さんは箱わなを販売するだけでなく、その使いかたまでをレクチャ
ーしていたそうです。

「初めは私も苦労したように、箱わなを買ってくれた農家さんもイノシシ
を捕まえるノウハウはまったく持っていない状況でした。そこで、トリガ
ーのかけ方や餌の撒き方などを手取り足取りで教えました。時間のかかる
行為でしたが、結果的に『イノシシが獲れた』という話が別の農家さんの
耳に伝わり、箱わなの評判は少しずつ口コミで伝わっていきました。

● お困りごとを解決していけば、売り上げは自然に伸びていく

太田製作所では現在、箱
わなだけでなく、くくりわな
や電気止め刺し器、アライ
グマ用のわななど、多数の
商品を製造販売しています。
しかし口コミだけの販売戦
略では、現在のように社員

を雇えるほどの売り上げを上げられるとは思えません。はたしてどのよう
な方法で、その後の販路を開拓していったのでしょうか？

「売り上げが伸びる最大の
要因となったのは、Youtube
で解説動画を投稿し始めた
ことです。例えば、イノシシ
を感電させる『電気止め刺
し器』は、扱い方を一歩間
違えると自分が感電する危

険性のある道具です。そこで、正しい使い方を動画に取ってYoutubeに出
したところ、その動画を見たお客様から沢山の注文をいただけるようにな
りました。」

意外にも「Youtubeを見て注文した」という人の多くは若いハンターでは
なく、農家を営む高齢者の方なのだそうです。

「獣害に悩まされいる人は日本中にいます。そのような人たちがインター
ネットを使って調べものをしたときに『一番わかりやすい』と感じるのが、
動画コンテンツだったようです。」

太田製作所のYoutubeチャンネルは商品の宣伝だけでなく、獲物を捕ま
えるためのノウハウなども丁寧に解説しています。そのチャンネルを見て
「悩み事が解決できた！」という喜びが大きな購買意欲となり、太田製作所
の売り上げを下支えしているのではないでしょうか。

4. 行政と地元猟師を繋ぐ仕組みづくり・『ちづDeer's』の事例

日本国内にあるジビエ処理施設では、運営者が獲物を捕獲して解体し、販売まで行うケースがほとんどです。しかし、赤堀広之さんが運営するジビエ処理施設『ちづDeer's』がある鳥取県智頭町は少し違います。捕獲を行う『地元の猟師』と、ジビエの処理・販売を行う『ちづDeer's』、そして『行政』を連携させた智頭町の取り組みは、分業化された新しいビジネスモデルだといえます。

● 十数年でシカ被害が激増！森の厄介者を地域のお宝に

　ちづDeer'sがある鳥取県智頭町は、林業が盛んであることや豪雪地帯であることなどから、これまでは“ほどほどの”対策で鳥獣被害を抑えられてきました。しかし赤堀さんの話では、その様相は近年大きく変化したといいます。

　「もともと智頭町に鹿はいなかったのですが、ここ十数年で農林業への被害が目立つようになりました。さらに地元では鹿を食べる習慣が無かったため、自家消費されない屠体の処理についての問題も発生しました。そこで、そのような厄介者である鹿を、地域の“お宝”として活用する目的で、平成30年に『ちづDeer's』を設立されました。」

猟師プロファイル

氏名	赤堀 広之
屋号	ちづDeer's
生年月日	平成2年6月19日
始業年	平成30年
前職	フリーター
猟法・猟具	狩猟免許所持者だが、現在自身での捕獲は無し
コンタクト	Twitter：ちづDeer's　@chizu_deers4129

0

猟師プロファイル

業務スケジュール

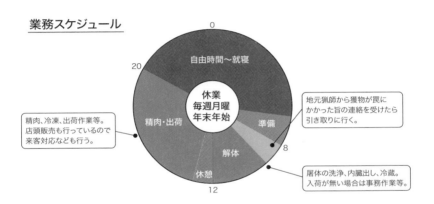

精肉、冷凍、出荷作業等。店頭販売も行っているので来客対応なども行う。

地元猟師から獲物が罠にかかった旨の連絡を受けたら引き取りに行く。

屠体の洗浄、内臓出し、冷蔵。入荷が無い場合は事務作業等。

休業
毎週月曜
年末年始

自由時間〜就寝 / 精肉・出荷 / 休憩 / 解体 / 準備

売上セグメント

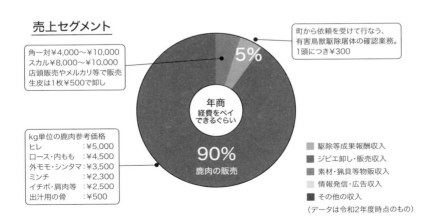

角一対￥4,000〜￥10,000
スカル￥8,000〜￥10,000
店頭販売やメルカリ等で販売
生皮は1枚￥500で卸し

kg単位の鹿肉参考価格
ヒレ　　　　：￥5,000
ロース・内もも：￥4,500
外モモ・シンタマ：￥3,500
ミンチ　　　：￥2,300
イチボ・肩肉等：￥2,500
出汁用の骨　：￥500

町から依頼を受けて行なう、有害鳥獣駆除屠体の確認業務。1頭につき￥300

年商
経費をペイ
できるぐらい

5%

90%
鹿肉の販売

■ 駆除等成果報酬収入
■ ジビエ卸し・販売収入
■ 素材・猟具等物販収入
□ 情報発信・広告収入
■ その他の収入
（データは令和2年度時点のもの）

● ゼロスタートの処理場運営

　智頭町の強い要望のもと
ジビエ解体処理施設を運営
することになった赤堀さん。
その運営ノウハウや解体技
術は、もとから身に付いて
いたことなのでしょうか？

　「まったくわからないゼロ
からのスタートでした。そこで智頭町から隣町の若桜町にある『わかさ29
工房』さんを紹介していただき、半年ほどの修行の中で解体場の運営や解
体方法、精肉処理などの技術を学びました。」

　『ちづDeer's』を建設した費用は、機材なども併せると総額で2,000万円。
半分の1,000万円は市と町から助成金を受け、残り1,000万円は地方銀行か
らの借り入れ等で資金を調達したと語ります。

　「借入金は10年で返済を予定しています。解体施設の運営費と返済を併
せると、現在の売り上げはギリギリの数値ですが、今後は営業にも力を入
れて売り上げを伸ばしていきたいと考えています。」

● 水増し問題・不法投棄問題を解決する三位一体の体制

　駆除された野生動物を食肉に加工して特産品として販売する取り組みは、
近年多くの自治体で行われています。しかし、『ちづDeer's』は、そのよう
な地域おこし活動だけでなく、有害鳥獣対策が抱える2つの問題への対策
にもなっています。

　「ひとつ目は水増し請求の防止です。『ちづDeer's』では地元の猟師さん
から獲物がかかった旨の連絡を受けて引き取りに行きますが、そのさいに
捕獲実態の確認を行い、智頭町に報告しています。」

　「ふたつ目が不法投棄の防止です。近年、駆除した屠体を野山に投棄す
る問題が起こっていますが、『ちづDeer's』が引き取った場合は智頭町から
有効活用推進手当として猟師さんの報酬に上乗せされる仕組みになってい
ます。」

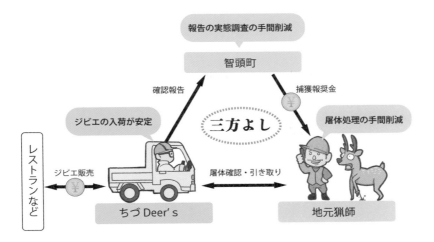

有害鳥獣駆除従事者による水増しや不法投棄といった不正は、行政側では解明しにくいのが実情です。そこで智頭町では、『ちづDeer's』に現地確認や屠体処理を依頼し、猟師の不正を防止する仕組みを作り上げています。

● ジビエの安全を"智頭町ブランド"で担保

さらに『ちづDeer's』は、智頭町でとれるジビエの安全性を高める役割も担っています。

「個人で解体場を持つ猟師さんの中には、肉質が悪い状態でも関係なく食肉として流通させるケースがあります。しかし、『ちづDeer's』では「いなばジビエ推進制度」にもとづいた品質のチェックや、鳥取県版のHACCP（ハサップ：食品取扱業の衛生管理基準）の衛生管理を行っており、より安心で安全な智頭町ブランドのジビエを提供できるように努めています。」

5. 限界集落の専業猟師『東良成』の事例

　自治体の中には野生鳥獣被害対策に、それほど力を入れていない所もあります。確かに、現状被害が出ていないのであれば対策を講じるのは無駄なことなのかもしれません。しかし東良成さんは自身が活動する集落の惨状を俯瞰し、「今、動かなければ、この光景が10年後の日本の姿になるかもしれません」と警鐘を鳴らしています。

● 後手後手に回った被害対策で過疎化が加速

　三重県の最西部、周囲を深い山並みに囲まれた熊野市紀和町は、かつて銅鉱山で栄えた町でした。しかし1978年に閉山すると過疎化が進み、最盛期には1万人いた人口も2020年には1,000人を下回るほどになりました。東良成さんは、この紀和町の中でも"限界集落"といわれる地域で、およそ10年以上有害鳥獣対策に携わっているベテラン猟師です。

　「人口減少を招いた要因の一つに、野生鳥獣被害による生活意欲の減退があると思います。私の集落では、鉱山が閉鎖後も温暖な気候を活かして農業で生計を立てようとした人は多くいました。しかし、当時の行政は一次産業政策に不慣れだったこともあり、対策は後手後手に。結果、野生鳥獣による農業被害が激化して、就農意欲を失った人の多くがこの地を去っていきました。」

猟師プロファイル

氏名	東 良成
生年月日	昭和58年8月17日
始業年	平成20年
前職	飲食業接客
使用猟具	ニッコーM620（20番）ブローニングXボルト / .243ウインチェスター くくりわな・箱わな
コンタクト	Twitter：りょう＠ハンター　＠s0fdB30fW24hxoF

0
猟師プロファイル

業務スケジュール

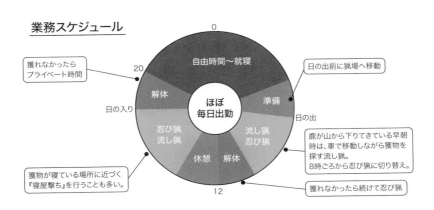

獲れなかったら
プライベート時間

自由時間〜就寝

日の出前に猟場へ移動

解体

ほぼ
毎日出勤

準備

日の入り

忍び猟
流し猟

休憩　解体

流し猟
忍び猟

日の出

鹿が山から下りてきている早朝時は、車で移動しながら獲物を探す流し猟。
8時ごろから忍び猟に切り替え。

獲物が寝ている場所に近づく『寝屋撃ち』を行うことも多い。

獲れなかったら続けて忍び猟

売上セグメント

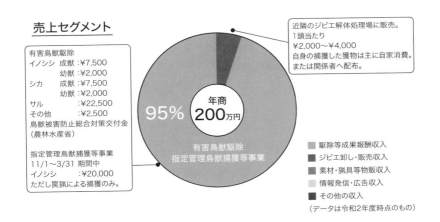

有害鳥獣駆除
イノシシ　成獣：¥7,500
　　　　　幼獣：¥2,000
シカ　　　成獣：¥7,500
　　　　　幼獣：¥2,000
サル　　　　　：¥22,500
その他　　　　：¥2,500
鳥獣被害防止総合対策交付金
（農林水産省）

指定管理鳥獣捕獲等事業
11/1〜3/31 期間中
イノシシ　　　：¥20,000
ただし罠猟による捕獲のみ。

近隣のジビエ解体処理場に販売。
1頭当たり
¥2,000〜¥4,000
自身の捕獲した獲物は主に自家消費。
または関係者へ配布。

95%
年商
200万円
有害鳥獣駆除
指定管理鳥獣捕獲等事業

■ 駆除等成果報酬収入
■ ジビエ卸し・販売収入
■ 素材・猟具等物販収入
□ 情報発信・広告収入
■ その他の収入
（データは令和2年度時点のもの）

- 23 -

● 銃のみで200頭を捕獲する、東さんの一日

東さんは、猟犬の力を借りずに、ライフル銃のみで約200頭もの獲物を捕獲しています。この驚くべき猟果はどのようにして成しえているのでしょうか？

「単純に獲物の数が多いからです。私は山の中を静かに歩いて獲物を探す『忍び猟』と呼ばれるスタイルで狩猟をしているのですが、山に入ればすぐにシカやイノシシの痕跡を発見することができます。特に野生動物の活動が活発になる朝方は集落近くまで下りているので、車で林道を走れば高確率で獲物に出会うことができます。」

もちろん、例え獲物を発見できたとしても、捕獲するのには射撃の技術が必要であるため、すべての理由が『獲物の絶対数が多いから』というわけではないと思います。しかし10年近く野生動物と対峙してきた東さんは、年を追うごとに人間と野生鳥獣との距離感は近くなり、警戒心も緩んでいるように感じると語ります。

「耕作放棄地が増えて人間のテリトリーが後退していくごとに、野生動物が人間を恐れなくなっているように感じます。特にサルとクマ（ツキノワグマ）は、ここ数年で一気に民家近くまで姿を現すようになりました。今、私は1人で8つの集落を回っていますが、とても手に負える状況ではありません。現状を維持するにしても1集落に1人は同様な活動を行える猟師が必要だと感じます。」

● 激化する野生鳥獣の侵攻には防除では対抗できない

　加速が付いた野生鳥獣を間引くのは、駆除を行う猟師のマンパワー的にも、行政のたてる予算的にも大きな負担となります。それでは、有害鳥獣を間引いて数を少なくする駆除よりも、野生動物が人間のテリトリーに入ってこないようにする防除の方が、効果的なのではないでしょうか？

　「金網やネットなどを使って農地を囲む防除は、初動においてはとても重要だと思います。しかし、勢いづいた野生動物の侵攻を抑えるのには不十分だと感じます。例えばどんなに頑丈な金網であっても、時間をかけて穴を掘られて抜けられたり、緩んだ場所を見つけて集団で飛び越えられたりもします。よって被害を防止するためには、どうしても人間が銃や罠を使って野生鳥獣にプレッシャー（猟圧）をかけ続けるしかないと思います。野生鳥獣による被害は畑を一夜で全滅させるほど猛烈なので、防除だけではとても対応できません」

● 鳥獣対策は被害が出る前に対策を！

　日本の産業は激しい国際競争に巻き込まれ、今後どんどん衰退していくのが目に見えています。しかし、日本には潤沢な水資源と豊かな土地があり、今後ひっ迫していく食料資源を大量に生産できるポテンシャルを秘めています。そのような1次産業への回帰が進められる前に、行政は野生鳥獣被害対策に本腰を据えて取り組む必要があると語ります。

　「野生鳥獣の被害は比例的でなく指数関数的に増加すると言われています。なので、野生鳥獣対策は被害が目に見えていない状況から始めなければ意味がありません。10年後の日本が、野生動物たちとバランスをとって共存していける未来になるか、それとも悲惨な未来となるか…今、まさに分水嶺を迎えているように思います。」

6. 有害鳥獣被害対策は協力者づくりから。『藤元敬介』の事例

　行政の野生鳥獣対策は、しばしば動き出しが遅かったり、的外れだったりすることがあります。よって、農地に出没する有害鳥獣の水際対策は、行政の旗振りをいつまでも待っているのではなく、その土地の持ち主（主に農家）自らが考えて動き出さなければなりません。山口県周防大島町に住む藤元敬介さんは、鳥獣被害に困っている人の協力者となり、地域の被害対策に貢献している専業猟師です。

● ミカンの島で急増するゲリライノシシ

　周防大島町は山口県南東部に位置する島で、「ミカンの島」とも呼ばれています。この周防大島町は冬でも温暖な気候であることから、もともと野生鳥獣が多く、その数を裏付けるかのように農業被害も多発しています。

　「島中、イノシシだらけです。ミカン農園は里山に入り組んで作られることが多いのですが、イノシシはまるで"ゲリラ"のように、あらゆる方向から農地に出没してミカンを食い荒らしていきます。島には私以外にも猟師が何人かいますが、それでも縦横無尽に出没するイノシシに対抗するには、とても手が足りていない状況です。」

6. 有害鳥獣被害対策は協力者づくりから。『藤元敬介』の事例

猟師プロファイル

氏名	藤元 敬介
生年月日	昭和46年7月21日
始業年	平成24年
前職	福祉用具選定相談員
使用猟具	箱わな・くくりわな、レミントンM870マリーンマグナム
コンタクト	Twitter：もっち　@Eleysia01

0

猟師プロファイル

業務スケジュール

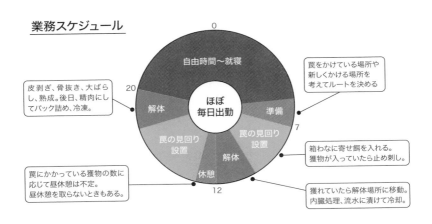

売上セグメント

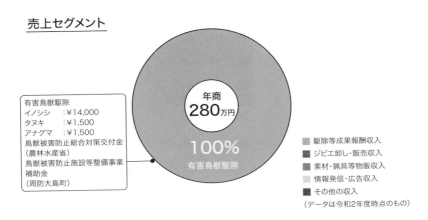

● 農家さんと協力して捕獲を行う

　農地が複雑に入り組む土地柄もあり、一人の力では対策に限界を感じていた藤元さん。そのとき考え付いたのが、土地の所有者と協力関係を結び、地域一体となって取り組むことだったと語ります。

　「農家さんの中にはイノシシの被害に困ってはいるものの、どう対抗すればいいのかわからない人が多くいました。そこでそのような人たちと交渉して、出没情報や罠を仕掛ける土地の提供などの協力をお願いしていきました。」

　有害鳥獣被害に悩まされる農家の中には、狩猟免許を取って自身で対策を講じようとする人も多くいます。しかし免許を取ったとしても、「どのような罠を買えばいいか」、「獲物が罠にかかったとしたら、どうやって止め刺しをすればよいか」、「止め刺しした屠体をどのように処理すればよいか」など、考えなければならない問題が山積みとなります。

　「農家さんには情報をもらうだけでなく、罠の購入を手配して設置することや、仕掛け方のレクチャー、管理の手伝い、獲物が罠にかかったときの止め刺しまで行うこともあります。」

　特に獲物の止め刺しは殺生に関わることなので、抵抗を持つ農家の方も少なくありません。また、止め刺しには獲物から反撃を受けて大ケガを負うリスクもあるため、藤元さんのようなプロが農家の間に入ることで、捕獲率の向上や安全性を確保することができます。

● ジビエは協力者のモチベーションを保つ交渉材料

　温暖な周防大島町で育ったイノシシは、身はプリプリと肉厚で、脂にはほんのりとミカンのような甘さがある絶品ジビエなのだそうです。しかし藤元さんは捕獲した獲物を一般に販売するつもりは、今のところないと語ります。

　「捕獲したイノシシはすべて肉にしていますが、自家消費する分をのぞいたほとんどは無償での"おすそわけ"にしています。たとえイノシシの被害に困っている農家さんであっても、まったく面識が無い私からいきなり『協力してほしい』といわれても、なかなかいい返事はできません。そこでイノシシ肉を添えて協力のお願いに伺うことで交渉のハードルを下げるだけでなく、その後のモチベーションを保ってもらうことにもつながります。」

● 狩猟業における経営資源、モノ・ヒト・カネ

　情報提供者は、ビジネス用語では「ヒト」という経営資源です。この「ヒト」という資源は決してタダで手に入るものではなく、ビジネスの世界では、同じ経営資源である「カネ」と交換して得るのが一般的です。しかし藤元さんのケースでは、ジビエという「モノ」を、協力者という「ヒト」と交換しているといえます。

　「協力者が増えれば、自発的な罠の見回りや、イノシシが出没した情報提供などを受けることができます。このように協力の輪が広がれば、私自身が罠を増設したり、調査をする時間を増やすことができるため、結果的に捕獲報奨金を増やしていくことにつながります。」

　狩猟業におけるジビエは、売上という「カネ」に変換するものという認識が一般的です。しかし藤元さんの例のような、ジビエ（モノ）を協力者（ヒト）に変換し、そこからより多くの報奨金（カネ）を得るという仕組みもまた、猟師だからこそできる素晴らしいビジネスモデルだといえます。

0
猟師プロファイル

7. 田舎でリモートワーク、副業としての狩猟業。『山本暁子』の事例

「Uターン」や「Iターン」といった言葉が取りざたされているように、近年、地方へ移住して生活をするライフスタイルが注目されています。しかし田舎での生活は、都会暮らしでは思いもしなかった様々な問題を含んでいます。山本暁子さん夫妻は、大阪の都市圏から鳥取県のとある田舎に「Jターン」をした移住者です。この地で山本暁子さんはリモートワークで本業をしながら、猟師として働き、うまくライフワークバランスを築いています。

● Jターンと共に始めた狩猟業

　山本暁子さん夫妻が移住した鳥取県鳥取市国府町は、かつて因幡国の政治・経済の中心地として栄えた歴史ある町です。この地に亡くなった祖父の家を引き継ぐ形でJ（故郷近くに）ターンした山本さんは、ここで狩猟の魅力を知り、現在では"かけだし猟師"として活動しています。

　「狩猟のことはほとんど知らなかったのですが、移住をして周囲の人たちから『猟師になったら美味しい猪肉が食べられるよ〜』と聞いて、狩猟免許を取ることにしました。ハッキリ言って"思いつき"の行動でしたが、結果的に狩猟を始めたことが収入と生活を、うまくバランスさせることにつながったと思います。」

猟師プロファイル

氏名	山本 暁子
始業年	令和元年（フリーランスは平成21年から）
前職	飲料メーカー研究職　→　ITセールスエンジニア
使用猟具	箱わな・くくりわな、散弾銃
コンタクト	Twitter：uri　@Urify_Hunter

0

猟師プロファイル

業務スケジュール

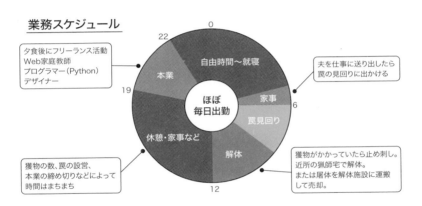

夕食後にフリーランス活動
Web家庭教師
プログラマー（Python）
デザイナー

夫を仕事に送り出したら
罠の見回りに出かける

獲物の数、罠の設営、
本業の締め切りなどによって
時間はまちまち

獲物がかかっていたら止め刺し。
近所の猟師宅で解体。
または屠体を解体施設に運搬
して売却。

売上セグメント

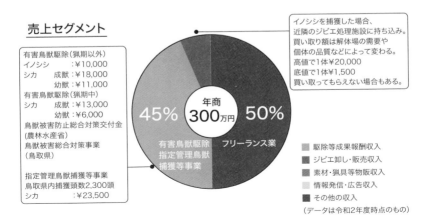

イノシシを捕獲した場合、
近隣のジビエ処理施設に持ち込み。
買い取り額は解体場の需要や
個体の品質などによって変わる。
高値で1体¥20,000
底値で1体¥1,500
買い取ってもらえない場合もある。

有害鳥獣駆除（猟期以外）
イノシシ　　　：¥10,000
シカ　成獣：¥18,000
　　　幼獣：¥11,000
有害鳥獣駆除（猟期中）
シカ　成獣：¥13,000
　　　幼獣：¥6,000
鳥獣被害防止総合対策交付金
（農林水産省）
鳥獣被害総合対策事業
（鳥取県）

指定管理鳥獣捕獲等事業
鳥取県内捕獲頭数2,300頭
シカ　　　：¥23,500

■ 駆除等成果報酬収入
■ ジビエ卸し・販売収入
■ 素材・猟具等物販収入
□ 情報発信・広告収入
■ その他の収入
（データは令和2年度時点のもの）

● リモートワークと狩猟業、2つ柱のワークスタイル

　田舎への移住で最も頭を悩ませるのが「仕事をどうするか」です。田舎は都会よりも家賃や食費などの支出は少なくなりますが、ガソリン代などの車両費や光熱費、通信費といった支出は都会とほぼ変わりません。例え田舎で理想のライフスタイルを築けたとしても収入に不安があると、焦燥感にさいなまれて豊かな生活というわけにはいきません。このように仕事と生活の両輪はワークライフバランスと呼ばれており、田舎ではワークスタイルをどうするかが最大の悩み所だといえます。それでは、田舎に移住した山本さんは、どのような仕事で収入を得ているのでしょうか？

　「収入の半分はリモートワークで得ています。プログラマーやデザイナー、また都市部の子どもたちを対象にオンライン家庭教師をしており、入稿作業などもすべてオンライン上で行っています。」

　田舎移住後の仕事として注目されているのが、山本さんが行うようなWeb系・IT系のフリーランスです。田舎でライフスタイルを築きながら、都市経済圏でワークスタイルを築くという形は、情報化社会だからこそできる新しいワークライフバランスだといえます。

　「もう半分は狩猟業による収入です。有害鳥獣駆除等の捕獲報奨金、それと捕獲した屠体を解体施設に買い取ってもらうことによる収入です。初めの1年はまったく獲れずに無収入だったので、フリーランス業が生計の柱でした。しかし今は地元の方からのご教授もあり、収入の半分を狩猟業でまかなえるようになりました。もはやどっちが本業なのかわからないですね（笑）」

　ジビエで収入を得る手段には山本さんのように、屠体の状態で解体場に引き渡す方法もあります。自分で解体場を作らなくても良いので、リスクが低いといったメリットがあります。

● ライフルタイルの構築に役立った狩猟業

　都会から地方への移住者は増加傾向にありますが、実をいうと、これらの人の全てが地元に根付けているわけではありません。満を持して都会から田舎へ移住したはいいものの、再び都会に戻っていく、言うなれば「逆Uターン」という現象も珍しくはありません。

　「田舎の人たちは、良い意味でも悪い意味でも、他人に対して無関心ではありません。家族は居るのか？普段は何をしているのか？仕事は何か？など色々な詮索を受けます。そして何か悪い話があればウワサとしてすぐに広まります。」

　逆Uターンをする人の多くは、このような『田舎の人間関係に"わずらわしさ"を感じてしまった』という理由が多いといわれています。しかし、人間関係を築けなかった原因を作るのは地元民だけの問題ではなく、移住してきた人の言動に理由があるケースもあります。

　「田舎には、例えば道の草刈りやゴミ集積場の掃除といった、誰も強制はしないけど、生活維持のために『地域住民としてこれだけは行ってほしい活動』があります。しかし都会からの移住者の中には、このような"共助の精神"に気付くことができずに、人間関係を悪化させてしまう人も多いように思えます。」

　山本さんは有害鳥獣駆除に従事するようになったことで副収入を得られるようになっただけでなく、地元に根付くための様々な情報を得られるようになったと語ります。

　「例えば毎日罠の見回りをすることで地元の人に顔を覚えてもらえるようになり、地域の慣習や奉仕活動などの情報を自然に得られるようになりました。私にとって狩猟業は副収入を得ること以上に、ライフスタイルを支える基盤づくりになったことが、一番大きなメリットだったと思っています。」

8. 狩猟業界は情報資源の宝庫、狩猟ライター『東雲輝之』の事例

ここまでに、7件の現役猟師の姿をお伝えしてきましたが、実をいうと著者である私自身も狩猟業で収入を得る兼業猟師です。そこで本章の最後に、私自身が狩猟業を始めるようになった経緯と、「狩猟」という世界が情報資源の宝庫であることについて、お話をしたいと思います。

● コロナ騒動がきっかけで始めた狩猟業

　私の住んでいる福岡県古賀市は、博多を中心とする福岡経済圏と、小倉を中心とする北九州経済圏に挟まれたところに位置しており、周囲のきらびやかなベッドタウンと比較すると、地味ながらも"おもむき"のある町です。そのような古賀市で私が狩猟業を始めるきっかけとなったのは、令和2年の春ごろに発生したコロナウイルスショックでした。

　私の本業は出版社などから依頼を受けて原稿、イラスト、写真撮影、制作、編集などを行う執筆業なのですが、コロナ禍では仕事の依頼が激減し、収入のあてを大きく失ってしまいました。そんな折に収入を得る手段として始めたのが狩猟業でした。この狩猟業に従事できたことは、厳しい時期の貴重な収入源になっただけでなく、新しいライフスタイルの確立や、"情報リソース"として狩猟の魅力を再発見する好機だったと思います。

猟師プロファイル

氏名	東雲 輝之
屋号	チカト商会
生年月日	昭和60年5月21日
始業年	平成27年（狩猟業は令和2年）
前職	プラントエンジニア
使用猟具	くくりわな / ニコンD750・D5600（カメラ）
コンタクト	HP：チカト商会　Twitter：@rakurou21

0

猟師プロファイル

業務スケジュール

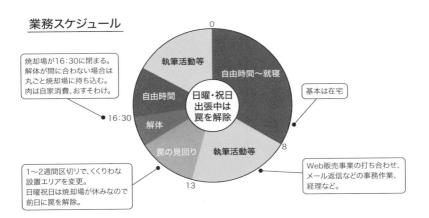

焼却場が16：30に閉まる。
解体が間に合わない場合は
丸ごと焼却場に持ち込む。
肉は自家消費、おすそわけ。

16：30

1〜2週間区切りで、くくりわな
設置エリアを変更。
日曜祝日は焼却場が休みなので
前日に罠を解除。

執筆活動等

自由時間〜就寝

基本は在宅

日曜・祝日
出張中は
罠を解除

自由時間

解体

罠の見回り

執筆活動等

0

8

13

Web販売事業の打ち合わせ、
メール返信などの事務作業、
経理など。

売上セグメント

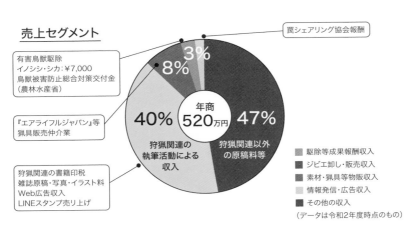

罠シェアリング協会報酬

3%

8%

有害鳥獣駆除
イノシシ・シカ：¥7,000
鳥獣被害防止総合対策交付金
（農林水産省）

『エアライフルジャパン』等
猟具販売仲介業

40%

年商
520万円

47%

狩猟関連の
執筆活動による
収入

狩猟関連以外
の原稿料等

狩猟関連の書籍印税
雑誌原稿・写真・イラスト料
Web広告収入
LINEスタンプ売り上げ

■ 駆除等成果報酬収入
■ ジビエ卸し・販売収入
■ 素材・猟具等物販収入
■ 情報発信・広告収入
■ その他の収入
（データは令和2年度時点のもの）

● 狩猟業で座業中心の生活が変化

ワークスタイルに狩猟
業を取り入れて良かった
ことの1つに、地域社会と
の交流があります。執筆業
は、取材で外出するとき以
外は在宅での座業がほと
んどです。そのため、ほぼ

丸一日外出しないことも多く、近隣からは"ひきこもり"のように見られて
いたと思います。しかし、作業着のツナギに身を包んで出歩き、地元に貢
献できる仕事をするようになったことで、すくなからず世間体は良くなっ
たように感じています。

● 経験してみてわかった「狩猟」と「狩猟業」の違い

私はこれまで趣味で狩
猟をしていたので、幸いに
も狩猟業を開始してから
すぐに収入へ結び付ける
ことができました。しかし、
狩猟で得た技術や知識が
全て狩猟業に当てはまっ
たわけではありません。

まず趣味の狩猟と狩猟業は、行う時期が違います。趣味の狩猟は猟期中
の秋から冬であるのに対し、狩猟業は春から夏、または通年で行われるの
が一般的です。そのため、猟期中では知りえなかった山の変化や、野生動
物の食性の変化など、新しい発見ができました。また狩猟業が仕事である
以上、費用対効果といった考え方も重要になります。このように、趣味と
しての「狩猟」と、仕事としての「狩猟業」の違いを知れたことが、この
本を書こうと思ったきっかけでもあります。

8. 狩猟業界は情報資源の宝庫、狩猟ライター『東雲輝之』の事例

● もう一つのビジネスモデル『情報ビジネス』

現役猟師を取材したこれまでの話の中で、狩猟業を構成する収益化の柱には、有害鳥獣駆除等による『狩猟ビジネス』、捕獲した野生鳥獣を処理して販売する『ジビエビジネス』、猟具や獲物から得られるマテリアル（角や皮など）を販売する『物販ビジネス』の3種類があると述べてきました。しかし私はここにもう一つ、狩猟に関する情報資源を商品化して販売する『情報ビジネス』も、大きなビジネスモデルになると思います。

私が行っている執筆業は、その半分がアウトドアや食文化、自然食品や自然化粧品といった業界での活動です。しかし、もう半分は狩猟を題材にしており、取材で得た情報を商品化して収入を得ています。

ライターという目線から見て、この狩猟業界には貴重な情報資源が豊富にあると感じます。例えば狩猟には、銃や罠、網など、鳥獣を捕獲する様々な手段があり、その技術はこれまで一般的に知られていなかった希少性（レアリティ）の高い情報です。また、ジビエや猟犬といったテーマは、それ単体で見ても巨大な情報資源ですし、本書のような『狩猟を生業にする』といったテーマも、まだ誰も開拓できていない情報資源だといえます。

これらの情報資源を商品にする方法にも、まだまだ発展の余地があります。私の場合は情報を文章・イラスト・写真にして商業出版社に卸すのが主なビジネスモデルですが、例えばYoutubeなどに動画を掲載して広告収入を得る方法や、取材音声を編集してNoteのようなサービスで販売する方法なども考えられます。

以前、狩猟と関係の無い分野のライター仲間が「書くことに困らない世界は他にはない！」と驚いていたように、狩猟という世界は情報発信者にとって、まさにフロンティアです！

0

猟師プロファイル

Chapter

1

イントロダクション
法律・知識編

　"猟師"という仕事は、どこか気ままで自由な働き方のように思えます。しかし、日本において野生鳥獣を捕獲することには多くの規制があり、熟知しておかなければならない法律が沢山あります。そこで本章では猟師になるために必要な知識や、「なぜ今、猟師という人材が求められているのか」というバックグラウンドについて詳しく見ていきましょう。

1. 今、野生鳥獣との間に何が起こっているのか？

「我が国の鳥獣行政は重大な転換期にある」。2014年に環境省・中央環境審議会から出された答申がこの一言から始まるように、日本の野生鳥獣政策は今、大きな変化が求められています。それでは、日本における野生鳥獣と私たちの間には、いったいどのような問題が起こっているのでしょうか？

● 深刻化する野生鳥獣による『農作物被害』

　近年、野生鳥獣と人間との間で深刻な軋轢となっているのが農作物被害です。農林水産省の発表によると、2018年度における農作物被害は158億円に上るとされており、その原因の8割近くが野生鳥獣のイノシシやニホンジカ、ニホンザル、カラスで占められています。被害を受けている農作物は、イノシシとサルの場合はイネや果樹、野菜に対する被害が半数を占め、シカの場合は牧草などの飼料作物に対する被害が半数を占めています。

　このように野生動物による農作物被害は甚大ですが、さらに『報告されていない被害』も含めると被害はさらに深刻です。例えば、家庭菜園やガーデニングなどに対する被害は被害額には含まれていません。また、鳥獣被害の増加で就農意欲を失い農業を辞めてしまうケースは、単純に金額では測れない経済的損失だといえます。

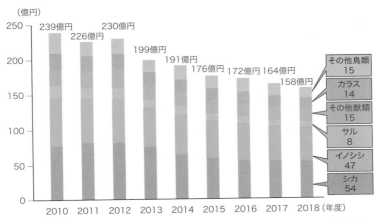

全国の野生鳥獣による農作物被害状況について（農林水産省）

（グラフ内の数値）
- 2010: 239億円
- 2011: 226億円
- 2012: 230億円
- 2013: 199億円
- 2014: 191億円
- 2015: 176億円
- 2016: 172億円
- 2017: 164億円
- 2018: 158億円

その他鳥類 15
カラス 14
その他獣類 15
サル 8
イノシシ 47
シカ 54

1
法律・知識編

● 恐ろしい感染症のリスクがある『畜産被害』

　野生鳥獣による被害は農業だけでなく、畜産業にも及んでいます。例えば、カラスやタヌキ、アライグマなどの野生鳥獣は、飼料の食害や、糞による飼槽・水槽の汚染、家畜をくちばしで突いたりしてケガを負わせる、などの被害を発生させています。

　そのような中でも、畜産業における最も深刻な被害と考えられているのが、口蹄疫や鳥インフルエンザといった家畜伝染病の媒介です。このような病気は発生源から野生鳥獣を介して伝播することが知られており、例えば、2019年9月より日本中の養豚業を震撼させている豚熱（豚コレラ）という家畜伝染病は、野生のイノシシによって媒介されている可能性が強く指摘されています。このような家畜伝染病が発生したところでは、すべての家畜を殺処分しなければならないため、畜産業者にとっては致命的な損失となります。さらに伝染病が広域になると"非清浄国"という指定を受けて畜産物の輸出に規制がかかるため、日本経済にも大きな打撃を与えます。

　野生鳥獣が媒介する伝染病には、例えば野生鳥獣に噛まれることによって感染する狂犬病や、野生鳥獣に付着するダニを通して感染する重症熱性血小板減少症候群（SFTS）、さらには突然変異した未知のウイルス感染など、様々な人畜共通感染症も含まれています。

● 一般社会にも被害をもたらす『林業被害』

　野生鳥獣の中には、林業に対して大きな被害を与える種もいます。その代表ともいえるニホンジカは、一般的には下草や広葉樹の葉などを食べていますが、人間が植林したスギやヒノキの苗木を食べることもあり、林業に大きな被害をもたらします。さらに、シカの生息密度が高まってエサが不足した森林内では、樹木の皮や落ち葉までもが食べられてしまうため、木々の立ち枯れや地面の露出など、土壌の貧弱化が進行します。

　この土壌への被害は林業だけでなく、近隣の水産業や居住地、ライフラインなどにも影響を及ぼす危険性があります。例えば、木々が枯れて土壌が露出した土地は雨水をためる保水力が低下するため、水源としての機能が低下して河川の水量が減少し、下流の漁業にダメージを与えます。さらに保水力を失った土壌は大雨により地滑りが起こりやすくなるため、住宅や道路、送電塔、水道管などのインフラを破壊する要因になります。

　土壌への被害は野生鳥獣だけが原因というわけではありませんが、それでもシカが要因とされる森林被害は全国で64万ヘクタール、東京ドームに換算すると、およそ1,300個分の面積に及んでおり、この被害は年々加速しているといわれています。

● 人間の手によって生まれた新たな問題『生態系被害』

　イノシシやニホンジカ、ニホンザル、カラス、カワウといった鳥獣は、日

本の土地に古代から生息してきた動物であり、自然界の中で絶妙なバランスを保ちながら共生してきました。しかし野生鳥獣の中には近代に入ってから人間の手で持ち込まれた種もおり、これらは既存の生態系に大きな被害をもたらしています。

　例えば、現在日本国内に広く生息しているアライグマは、もともとは北アメリカ大陸を原産地とする動物で、日本には1960年代にペットとして持ち込まれた個体が脱走・破棄されて野生化しました。このアライグマは日本の生態系内に捕食者となる動物がいなかったため、その数を爆発的に増やし、さらに雑食性であるため、様々な野生動物を捕食して生態系に大きな被害をもたらしています。

　アライグマのような既存の生態系に対して悪影響を与える種は侵略的外来生物と呼ばれており、哺乳類35種、鳥類15種の鳥獣が指定されています。これらの鳥獣は人間の身勝手により連れて来られた罪の無い動物ですが、生態系を守るためにはどうしても人間の介入が必要となります。

● 本書における「害」の定義

　本書では、野生鳥獣に対して「害」という言葉を使っていますが、この点についてご承知いただきたいことがあります。それは、野生鳥獣による被害は加害者の動物からしてみれば生存本能に従った行動であり、その行動に罪があるわけではないということです。また、野生鳥獣による生態系被害も、人間の時間感覚で言えば「害」ですが、自然的な時間感覚で言えば自然淘汰の結果だったともいえます。

　つまり「害」という言葉は、人間の生存や経済を維持するうえでの"ポジショントーク"であり、人間本位的な表現です。しかし、本書は野生鳥獣を捕獲・利用して、「どのように生計を立てていくか？」という内容が主題となるため、あえてこの「害」という言葉を使っています。これは著者としても不本意に感じる言葉選びではありますが、猟師という働き方は、今後の人間と野生動物の共存に必要な存在だと思ってのことです。読者様の中には違和感を感じる言葉かと思いますが、なにとぞご了承いただけましたら幸いです。

1 法律・知識編

2. なぜ、野生鳥獣の被害が問題化してきたのか？

日本における野生鳥獣は、数十年前までは絶滅が危惧される存在でしたが、近年では前節で述べたように様々な問題が生じるほど増えています。それでは野生鳥獣による被害が深刻化してきた理由には、いったいどういった背景があるのでしょうか？

●「無視できないほど大きくなった」野生鳥獣被害

　野生鳥獣による被害は、昨日今日に始まったわけではありません。農業被害は人類が農耕を始めた太古から続く悩みごとですし、日本においても古くから『しし垣』など様々な形で野生鳥獣被害対策が行われてきました。つまり、野生鳥獣の被害が注目されるようになったのは、被害が「いきなり発生した」わけではなく、これまで「取るに足らない」と思われていた被害が「無視できないほど大きくなった」からだといえます。

　野生鳥獣による被害が増えた原因は「環境破壊のせいで野生動物の住処が少なくなったから」という説があります。確かに地球規模で見ると、ジャングルの伐採や海洋汚染といった環境破壊で多くの野生動物の住処が奪われているのは事実です。しかし"日本国内では"という条件を加えると、現代は「歴史上、最も緑あふれる時代」といわれるほど、自然環境は豊かに"なりすぎて"います。

● 森林資源の増加で野生鳥獣との距離は近くなった

　日本の自然が豊かになりすぎた理由の一つが、日本人が木をあまり使わなくなったためです。電気やガスが普及していなかった時代には、日本人の主な熱源は、雑木をまとめた柴や、ブナなどで作る薪、カシ系やナラ系の木材で作る木炭でした。また、スギやヒノキ、クリといった木は建築材などに、ケヤキやハゼノキ、トチノキなどは食器などの日用品に使われており、日本人は様々な木を山から資源として調達してきました。しかし、燃料資源が石炭や石油、電気に置き換わったことや、安価な木材が大量に輸入されるようになったことで、資源としての木の需要は激減し、日本の森や山には大量の木があふれるようになりました。

　このように森や山が豊かになったことは、大気汚染の減少や山の保水力増加といった良い結果をもたらしましたが、同時に、これまで人間との接触を嫌がって奥山にひそんでいた野生鳥獣との接点が増えるようにもなりました。人里と奥山の間に存在するエリアは里山と呼ばれており、木を頻繁に利用していた時代では野生鳥獣が生息しにくい環境でした。しかし近年の里山は身を隠すヤブやエサとなる植物が増えたため、野生鳥獣にとっては生息しやすい環境に変化しました。結果的に野生鳥獣たちは里山に隣接する田畑や住宅地にも出没するようになったため、人間との間で様々なトラブルが起こるようになりました。

● 野生鳥獣の生息数増加

　日本で野生鳥獣被害が増加した要因には、日本人が野生鳥獣を資源として利用しなくなったことも上げられます。例えば、イノシシやシカなどの野生獣は、食肉としてだけでなく、毛や皮、油脂、角などにも大きな価値があり、日用品や装飾品、武具などに利用されていました。しかし現代に入ると、これらの素材の代替品としてプラスチックが普及し始め、野生動物から得られる素材の需要は失われていきました。

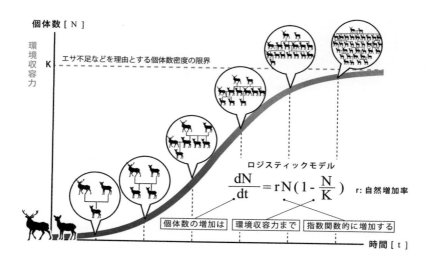

$$\frac{dN}{dt} = rN\left(1 - \frac{N}{K}\right)$$

ロジスティックモデル

r: 自然増加率

個体数 [N]

環境収容力

K エサ不足などを理由とする個体数密度の限界

個体数の増加は　環境収容力まで　指数関数的に増加する

時間 [t]

　野生鳥獣の資源的価値が失われたことで、野生鳥獣の個体数は急速に回復していきました。例えばニホンジカは、1970年代ごろまでは絶滅が危惧されるほど減少していましたが、その後、個体数は急速に回復し、現在では生態系を圧迫するほどになっています。

　この爆発的増加は、シカが生態学上"指数関数的"に増えることに加え、温暖化などで自然死が減ったこと、捕食者であったオオカミが絶滅したこと、そして人間がシカを捕獲しなくなったことなどが要因であると考えられています。このような野生鳥獣の生息数増加はシカに限った話ではなく、イノシシやクマ、サルなど、様々な野生鳥獣で見られます。

● 野生鳥獣にとって強い誘因性のある人間の作物

身を隠しやすい | 障壁が低い | 餌が食べやすい | 人間が無抵抗

1 法律・知識編

　野生鳥獣による農作物被害が増えたのには、「人間の作物が野生鳥獣にとって魅力的だから」という要因もあります。私たちが普段から口にしている野菜は、もとは自然界に生息していたものを長い年月かけて品種改良してきた植物です。このような植物は総じて野生種に比べて栄養価が高く、繊維質が少なくて食べやすいといった特徴を持っています。

　人間が食べて「美味しい」と思う植物は、野生動物にとっても最高のご馳走です。特に人間と同じ構造の胃（単胃）を持つイノシシやクマ、サルなどの動物は、消化が良く栄養価の高い人間の作る作物が、このうえなく魅力的に映ります。そしてこれら作物の味を覚えてしまった個体は、執拗に人間の作物を狙う"常習犯"になっていきます

　以上のように、野生鳥獣による被害が増加した要因の多くは『人間の科学が発展したこと』にあります。しかし当然ながら私たちは、現在の科学を捨てて生活水準を落とすことはできません。よって野生鳥獣との付き合い方は過去と同じやり方を通すのではなく、未来に向けて大きく変えていかなければなりません。

● "撲滅"という対策には問題があるのか？

　人間社会に対して被害をもたらす野生鳥獣を、撲滅してはいけないので
しょうか？実際に人類はこれまで多くの野生鳥獣を絶滅に追いやってきま
したし、日本においても1700年に長崎・対馬で島内に生息しているイノシ
シを撲滅したという記録が残っています。被害をもたらす野生鳥獣を撲滅
することは、長い年月と莫大な費用が必要ですが、未来永劫被害が抑えら
れるのであれば結果的に得をする被害対策のように思えます。

　もちろんこのような考えは"人道的"という観念を抜きにしても、大きな
問題を含んでいます。この地球上に生息しているすべての生物は、捕食・
非捕食関係による生態系ピラミッドだけでなく、生物内に生息する微生物
を含めた非常に複雑な相互作用性を持っています。よって、ある1種の野
生鳥獣を撲滅できたとしても、その影響は積み木崩しのように他の生物に
波及し、予想の付かない問題を引き起こす危険性があります。事実、「農作
物を食い荒らす害鳥」としてスズメが大量に駆除されたとき、スズメが捕
食していたイナゴなどの害虫が大量発生し、結果的に農業が壊滅的な被害
を受けたという歴史的教訓があります。このように野生鳥獣被害対策は人
間本位的ではなく、バランスを保ちながら共生の道を模索していく方が、
最も効果的なのです。

●『オオカミ再導入論』は被害防除対策ではない

オオカミを再導入したからといって、人間がテリトリーを守らなくてよくなるわけではない。

1

法律・知識編

　野生鳥獣被害対策では、しばしば『オオカミ再導入論』が議論されます。確かに日本国内において野生鳥獣が増加したのは、人間が頂点捕食者であったオオカミを撲滅したからというのも要因の一つです。よってオオカミ再導入論は、鳥獣被害対策に効果的なように思えます。しかしオオカミ再導入論は『生態系の復旧』が目的なのであって、『野生鳥獣被害防止』を目的とした考えではないことを理解しておかなければなりません。

　オオカミ再導入論の目的は、人間が破壊した『頂点捕食者が欠けた生態系ピラミッド』を人為的に復旧することです。そのためこの施策は、自然界の生態系を回復させ、野生鳥獣の生息数を適正に保つ効果は期待できます。しかし、導入するオオカミは人間がコントロールできる存在ではないため、当然ながらオオカミは人間社会に対して害獣にもなりえます。つまり、例えオオカミが再導入されたとしても、野生鳥獣被害がまったく無くなるということはありえないのです。

　生態系は非常に複雑な相互作用を持っているので、人間の手で完全にコントロールするのは不可能です。よって人間が破壊した生態系の復旧については、オオカミ再導入に限らず議論されるべきです。しかし生態系の復旧が何かしらの形で進んだとしても、人間と野生鳥獣の生存競争は未来永劫終わることはありません。

3. 野生鳥獣捕獲に関する法規 (狩猟制度)

日本では野生鳥獣に関する様々な規制があるため、いかに被害が増えているからといっても、野生鳥獣を捕獲するためには法律や条例、行政の方針などに従わなければなりません。そこで本節では日本の野生鳥獣関連法規の根幹となる鳥獣保護法と、狩猟制度について見ていきましょう。

● 国内の野生鳥獣はすべて保護されている

　日本国内には、およそ780種の野生鳥獣（野生哺乳類が約130種、野生鳥類が約650種）が生息しており、これら野生鳥獣は『鳥獣の保護及び狩猟の適正化に関する法律（鳥獣保護法）』と呼ばれる法律で、ほぼすべての種が保護されています。つまり野生鳥獣は、私たちが勝手に捕まえたり、殺したりすることは許されておらず、もし違反した場合は『1年以下の懲役または50万円以下の罰金』という重たい罪に問われます。

　それでは、野生鳥獣が自宅敷地内や所有している農地に現れて"悪さ"をしているとしたら、果たしてどのように対処すればよいのでしょうか？もちろん「指をくわえて見ているしかない」というわけではありません。鳥獣保護法には一部の野生鳥獣の保護が一時的に"解除"される条件があり、これを狩猟制度と呼びます。

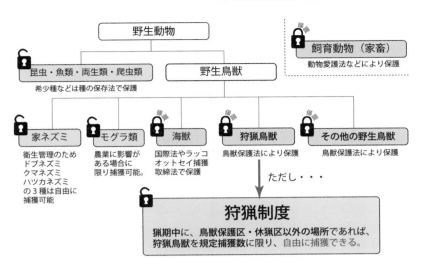

● 狩猟制度の定義

狩猟鳥獣	保護が解除される野生鳥獣の種類。 令和2年度時点で、獣類20種、鳥類28種の全48種（ただし鳥類のヒナや卵は除く）
猟期	野生鳥獣の保護が解除される期間 北海道で10月1日〜翌1月31日 それ以外では11月15日〜翌2月15日 ただし狩猟鳥獣の種類によって、各都道府県で猟期の延長・短縮などの条例が付け加えられる場合がある。
鳥獣保護区	猟期内であっても保護が解除されない場所。 一時的な鳥獣保護区は「休猟区」と呼ばれる
規定捕獲数	一人の人間が特定の期間中に捕獲してもよい狩猟鳥獣の数。狩猟鳥獣の種類や都道府県によって数が異なる

　野生鳥獣の保護が解除される条件は上表になります。この条件からいうと、野生鳥獣の捕獲（捕殺）は、被害を出している野生鳥獣が狩猟鳥獣に指定されており、捕獲する時期が猟期中で、かつ、その敷地が鳥獣保護区等に指定されていなければ、合法的に行うことができます。

● 法定猟法、危険・禁止猟法、自由猟の違い

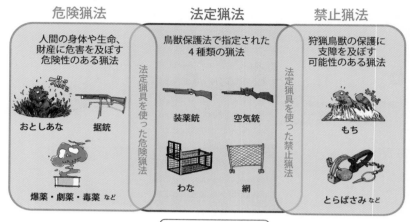

危険猟法　　　　　法定猟法　　　　　禁止猟法

人間の身体や生命、財産に危害を及ぼす危険性のある猟法

鳥獣保護法で指定された4種類の猟法

狩猟鳥獣の保護に支障を及ぼす可能性のある猟法

おとしあな　　据銃

法定猟具を使った危険猟法

爆薬・劇薬・毒薬 など

装薬銃　　　空気銃

わな　　　　網

法定猟具を使った禁止猟法

もち

とらばさみ など

上記以外は**自由猟**

　野生鳥獣を捕獲する方法（猟法）には、様々な手段や道具の利用が考えられますが、その中でも特に『野生鳥獣捕獲に適した猟法』は、法定猟法という名で指定されています。この法定猟法は大きく、装薬銃・空気銃・わな・網の4つに分類されており、これらを使って狩猟鳥獣を捕獲するときは、それぞれに該当する狩猟免許を取得しなければなりません。

　法定猟法以外の猟法、例えば手づかみや、バットなどの鈍器、ナイフ、投石、スリングショット（パチンコ）、虫取り網、タカやフェレットといった動物（イヌを除く）を使役した猟法は自由猟と呼ばれており、この自由猟で狩猟鳥獣を捕獲するのに免許は必要ありません。なお、自由猟の中には、例えば爆発物や毒物を使う猟法も考えられますが、これらの使用は自然界だけでなく人間社会にも被害をもたらします。よって『人間社会に被害をもたらす危険性のある猟法』や『野生鳥獣の乱獲につながる猟法』は、危険猟法や禁止猟法という名で指定されており、これらの猟法で狩猟をすることは禁止されています。

　なお本書において「狩猟」という言葉を使う場合は、特に断りが無ければ「法定猟法による狩猟鳥獣の捕獲」を指します。

法定猟法の狩猟免許と狩猟者登録

	法定猟法	狩猟免許	狩猟税
装薬銃	火薬の燃焼圧を利用して金属製の弾丸を発射する銃砲。散弾銃やライフル銃、ハーフライフル銃と呼ばれるタイプの銃砲が該当。	第一種銃猟免許	¥16,500
空気銃	圧縮した空気圧、または圧縮ガス圧を利用して金属製の弾丸を発射する銃砲。主にエアライフルと呼ばれる銃砲が該当。	第二種銃猟免許	¥5,500
わな	地面などに設置して、接触した獲物の体、または体の一部を捕縛する道具。くくりわな、はこわな、箱おとし、囲いわな、の4種類の猟具が該当。	わな猟免許	¥8,200
網	網目状の細い繊維を編んで作った道具を操作して獲物を捕縛する道具。むそう網、はり網、つき網、なげ網、の4種類の猟具が該当。	網猟免許	¥8,200

1 法律・知識編

　狩猟を行うには、狩猟免許の取得だけでなく、毎猟期ごとに狩猟を行う都道府県に対して狩猟者登録を行います。この狩猟者登録では免許の区分に応じた狩猟税を支払う必要があり、また、狩猟中は都道府県から交付される狩猟者登録証を携帯し、狩猟者紀章（ハンターバッジ）を身に付けておかなければなりません。

　このように狩猟制度を利用すれば、通常は保護されている野生鳥獣の一部を捕獲できます。しかし野生鳥獣による被害は、猟期外に起こる可能性がありますし、その場所が鳥獣保護区内である可能性もあります。さらに被害を出している鳥獣が狩猟鳥獣ではない可能性もあります。それでは狩猟制度では捕獲できない野生鳥獣に対しては、どのように対応すればよいのでしょうか？

4. 野生鳥獣捕獲に関する法規（捕獲許可制度）

人間と野生鳥獣の間でおこる問題は、捕獲に様々な条件がある狩猟制度だけでは対処できません。そこで日本には狩猟制度とは別に、野生鳥獣を捕獲することができる捕獲許可制度があります。

● 捕獲許可制度とは？

　捕獲許可制度は、何らかの理由で野生鳥獣を捕獲したい人が行政に対して申請を行い、その申請が認められた場合に限り捕獲を行うことができるようになる制度です。具体的に申請では、捕獲したい鳥獣の種類と頭数、捕獲を行う目的、期間、区域、捕獲を行う方法と捕獲後の処置などを明記します。その申請に対して行政は審査を行い、『捕獲の必要性がある』と判定したら申請者に対して捕獲の許可を出します。

　捕獲許可の目的は「野生鳥獣の研究のため」といった内容も認められますが、主に農林水産業被害の防止や人身事故防止であり、これらの目的で野生鳥獣を捕獲する行為を有害鳥獣捕獲といいます。なお、この捕獲許可制度は狩猟制度とはまったく別の制度になるため、猟期や鳥獣保護区といった狩猟制度の条件は関係なく捕獲できます。また、ニホンザルやドバトといった非狩猟鳥獣であっても捕獲できます。

● 行政が捕獲許可を出す流れ

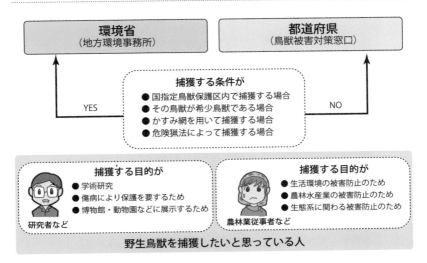

捕獲許可の判定を行う行政は、その鳥獣が希少生物であったり、場所が国指定の鳥獣保護区であったりする場合は、地方環境事務所長（環境省）が権限を持ち、その他の場合は都道府県の知事が権限を持ちます。

申請方法は、捕獲を行いたい本人や関係者が鳥獣捕獲等許可申請書を作成し、捕獲を行う条件に応じて、地方環境事務局か、都道府県の鳥獣被害担当窓口に提出します。審査をクリアした場合は鳥獣捕獲等許可証が発行されるので、申請者はこの許可証に記された内容の範囲で、野生鳥獣を捕獲ができます。

捕獲許可制度は、期間や捕獲したい野生鳥獣の種類を任意に決められるため、狩猟制度に比べて柔軟性のある制度です。しかしこの制度では、近年加速化する野生鳥獣による被害に対応できるとはいえません。例えば、あなたの敷地や田畑が野生鳥獣に荒らされて困っているのに、都道府県知事からの捕獲許可が下りるまで悠長に待っていられるでしょうか？

そこで、このような問題を解決するために2007年に施行されたのが、『鳥獣による農林水産業等に係る被害の防止のための特別措置に関する法律』、通称、鳥獣被害防止特措法です。

● 鳥獣被害防止特措法による市町村の『被害防止計画』の策定

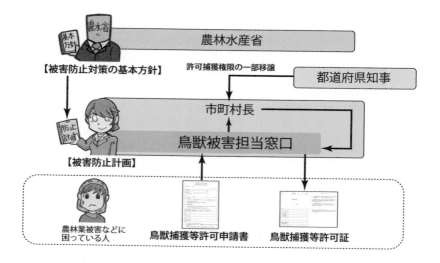

　鳥獣被害防止特措法は野生鳥獣による被害対策を、その現場に最も近い行政機関である市町村が中心になって行うことを支援する法律です。この法律では、まず農林水産大臣が『被害防止対策の基本指針』を作成し、その指針をもとに各市町村が被害防止計画を作成します。この被害防止計画には、市町村内で発生している有害鳥獣被害がまとめられており、捕獲が必要と思われる有害鳥獣の種類や、目標とする捕獲計画頭数、被害に対する具体的な取り組みなどが記されています。

　被害防止計画を策定した市町村には、都道府県知事が持つ捕獲許可の権限を、計画内で有害鳥獣に指定した野生鳥獣に限り、市町村長へ移譲できるようになります。つまり、これまでの有害鳥獣捕獲は都道府県の判断を待つ必要がありましたが、この制度では市町村の判断で行えるようになるため、より迅速な対処が行えるようになります。

　この被害防止計画の設置は任意なので、すべての市町村が取り組んでいるわけではありません。しかし、2007年の法律制定当初は40カ所だったのに対し、2016年には約1,500カ所で計画の設置が進んでおり、現在では市町村の9割で独自の対策が行えるようになっています。

● 市町村行政内での『鳥獣被害対策実施隊』の設置

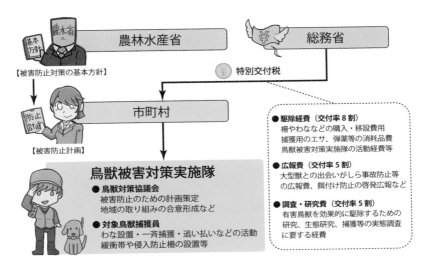

被害防止計画を作成した市町村は、有害鳥獣捕獲の権限を都道府県から移譲されるだけでなく、各市町村内に鳥獣被害対策実施隊（以下、実施隊）という組織を設置できるようになります。この実施隊は、市町村職員や『被害防止施策に積極的に取り組むことが見込まれる者』を市町村長が任命することにで作られる組織で、任命された民間の隊員は非常勤特別職の地方公務員として活動します。実施隊の役割は市町村内の鳥獣被害・生息状況の調査や、防護柵の設置、鳥獣の追い払い、捕獲などで、もっぱら捕獲に専従する隊員は対象鳥獣捕獲員と呼ばれます。

市町村が実施隊を設置するメリットは、有害鳥獣対策を組織的に行えることや緊急的な対策が行えることです。例えば、街中に野生鳥獣が現れて大暴れしているとします。このとき、通報を受けた市町村役場は実施隊を招集して、捕獲や追い払いなどの緊急的な対策を行うことができます。特に暴れている野生鳥獣がイノシシやクマなどの凶暴な野生鳥獣の場合は狩猟者単独では対処できないため、実施隊の組織としての力が何よりも頼りになります。

5. 野生鳥獣捕獲に関する法規 （特定鳥獣保護管理計画制度）

野生鳥獣を捕獲するには、狩猟制度と捕獲許可制度に加えて、もう一つ、都道府県が事業として民間団体に委託する、特定鳥獣保護管理計画制度があります。

● 抜本的な対策を行うための『特定鳥獣保護管理計画制度』

　鳥獣被害防止特措法により、市町村が定める被害防止計画の作成は、有害鳥獣による被害を抑える"水際的"な対策としては効果的です。しかし、野生鳥獣の生息数増加や生息領域の拡大といった問題に対しては、根本的な解決方法とは言えません。なぜなら野生鳥獣は、人間の経済圏が及ばない山奥や、国の政策で狩猟が禁止されている鳥獣保護区などでも繁殖しているため、市街地や畑などに出没して悪さをする有害鳥獣の割合は、生息数全体のごく一部でしかないからです。つまり、いくら捕獲許可制度で有害鳥獣を捕獲しても、山奥からあふれてきた個体がまた有害鳥獣となるため、被害が減ることはありません。

　そこで、これら野生鳥獣被害の根本的な解決に向けて2014年に創設されたのが、特定鳥獣保護管理計画制度です。この制度は同年に改正された鳥獣保護法が基になっており、同時に法律の題名が『鳥獣の保護及び管理並びに狩猟の適正化に関する法律』（鳥獣保護管理法）に改正されました。

● 野生鳥獣管理の事業化を行う制度

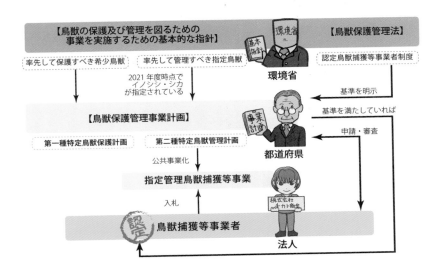

　特定鳥獣保護管理計画制度では、環境省が策定している基本指針に則した形で、各都道府県が鳥獣保護管理事業計画を作成します。この計画書には、環境省が「集中的かつ広域的に管理を図る必要のある野生鳥獣」として指定した指定管理鳥獣（2020年時点ではイノシシ・シカの2種類）が定められており、各都道府県は指定管理鳥獣に対して第二種特定鳥獣管理計画を作成します。この第二種特定計画を策定した都道府県は独自に、指定管理鳥獣の調査や捕獲、防護柵の設置といった作業を指定管理鳥獣捕獲等事業という名称で事業化できるようになります。

　野生鳥獣の管理が事業として扱えるようになると、都道府県行政はその業務を民間団体へ“公共事業”として委託できるようになります。このように民間団体の力を借りることができれば、個人の狩猟者や鳥獣被害対策実施隊では行えない根本的な野生鳥獣被害防止に向けた活動、例えば『市町村を超えて都道府県全域にまたがった有害鳥獣対策』や、『人員を長期間・集中的に集めた調査活動』、『効率的な捕獲・防除方法の研究開発』などが行えるようになります。

● 事業委託先の技術・知識を評価する『認定鳥獣捕獲等事業者制度』

　指定管理鳥獣捕獲等事業により都道府県は、指定管理鳥獣の捕獲等を民間団体に事業として委託できるようになりました。しかし野生鳥獣の捕獲は、銃やわなといった特殊な道具を扱ったり、危険な山野に入って活動をしたりと、特殊な技能・知識を必要とします。よって行政は事業を委託する前に、その民間団体が『業務を遂行するための必要な組織力・技能・知識を持っているか』を確認しなければなりません。そこで2015年に導入されたのが、認定鳥獣捕獲等事業者制度です。

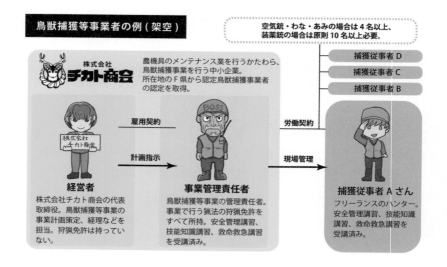

　認定鳥獣捕獲等事業者制度は、都道府県が「適正かつ効率的に鳥獣の捕獲等をするために、必要な技能や知識を有している」と判定した法人に対して"認定"を与える仕組みです。この認定を受けることで、その民間団体は認定を受けた都道府県から事業を委託されやすくなります。さらに認定事業者は環境省のHPなどで公表されるため、認定を受けた都道府県以外の場所でも事業活動が行いやすくなります。

　都道府県から認定鳥獣捕獲等事業者の認定を受けるためには、次の①～⑥の要件を満たす必要があります。

①法人格を有しており、法人で保険をかけていること

　認定を受ける民間団体は、株式会社や一般社団法人、特定非営利法人(NPO)などの法人に限られます。つまり、任意団体や個人事業で認定を受けることはできません。また法人は、銃猟にかかる損害について1億円以上、あみ猟及びわな猟に係る損害について3千万円以上の保険に加入しておく必要があります。

②法人として捕獲実績があること

　認定を受ける法人は、過去に野生鳥獣の捕獲等に関する十分な実績を持っている必要があります。しかし認定鳥獣事業者制度自体、導入されて日が浅いため、例えば鳥獣被害対策実施隊が一般社団法人などに法人化するケースでも"実績を持つ法人"として認められる可能性があります。

③一定数以上の捕獲従事者を有していること

　法人には実施体制として4名以上(装薬銃で捕獲する場合は原則10名以上)の捕獲従事者を有している必要があります。この捕獲等事業者は使用する法定猟法に対応する狩猟免許を所持している必要があります。

④事業管理責任者を選任すること

　実施体制内には、事業全体を管轄、監督する権限を有した事業管理責任者を1名選任しなければなりません。なお、この事業管理責任者は管理する猟法に対応する狩猟免許を全て所持しておかなければなりません。事業管理責任者は、捕獲従事者である必要はないため、例えば法人の経営者などが就くことも可能です。

⑤安全管理講習・技能知識講習の修了

　事業管理責任者と捕獲従事者は、環境省が作成するテキストをベースとした安全管理講習と技能知識講習を受講しなければなりません。この講習会の開催情報は、環境省のHPなどに開示されます。

⑥救命救急講習の受講

　事業管理責任者と捕獲従事者の半数以上は、心肺蘇生、外傷の応急手当、搬送法を含めた救急救命講習を受講しなければなりません。このカリキュラムを含めた講習は、消防機関が主催する上級救命講習や、日本赤十字社の救急員養成講習などがあります。

1

法律・知識編

6. 鳥獣被害対策の具体的な活動

　人間社会に問題を起こす有害鳥獣への対策は、狩猟制度、捕獲許可制度、特定鳥獣保護管理計画制度のいずれかに従って行わなければなりません。しかし、これら制度の目標や活動の足並みが揃っていなければ、効果が足りず十分な結果を得られなかったり、逆に効果が出すぎて絶滅などの問題を引き起こす危険性があります。そこで現在の野生鳥獣被害対策は、個体数管理・被害防除・生息域管理という3つの管理手法で進められています。

● 個体数管理・被害防除・生息域管理とは

　1つ目の個体数管理は有害化しやすい野生鳥獣（例えばイノシシやシカ）の個体数を、捕獲によって調整する活動です。この個体数管理で野生鳥獣の個体数、生息密度、分布域、群れの構造などを適切に管理することで、有害化する個体を減少させることができます。個体数管理は、狩猟制度と特定鳥獣保護管理計画制度における活動です。捕獲許可制度では、すでに有害化した個体を取り除く活動となるため、有害鳥獣捕獲と呼ばれます。

個体数管理
被害防除
生息域管理
餌の魅力

| ゾーンの拡大防止 | ヤブなどの撤去 | 障壁の設置 | 継続的な駆逐 |

　2つ目の被害防除は、野生鳥獣が有害化するのを防ぐ活動です。野生鳥獣は人間のテリトリー内に入り、農作物の存在を知ることで有害化します。そこで、障壁となる柵やネットの設置、誘引の原因となる廃野菜の撤去、里山の整備などを行い、野生鳥獣が人間のテリトリー内に入ってこないようにします。被害防除は捕獲許可制度における市町村・集落規模の活動が主なので、狩猟者が担うことはありません。特定鳥獣保護管理計画制度においては、被害防除の効果を推定する生息数調査といった業務が、指定管理鳥獣捕獲等事業として事業化されています。

　3つ目の生息域管理は、野生鳥獣の生息するエリアを管理する活動を指します。山野には、例えば「イノシシは居るけど、シカやサルはいない一帯」というゾーンが存在しており、このゾーンは気象変動や環境開発、個体群の密度上昇などの影響で変化していきます。そこで生息管理では、有害鳥獣の生息域が広がらないような対策を行います。この活動は広域的な調査が必要になるため、指定管理鳥獣捕獲等事業で行われます。事業を委託された捕獲等事業者は、指定鳥獣を捕獲や追い払いで物理的にゾーンコントロールをするだけでなく、エリアを調査して痕跡を探し、そのデータを分析してゾーン変化を推定するなど、科学的な仕事も行われます。

● 個体数管理の目標と人材確保

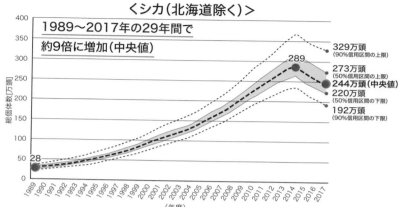

＜シカ（北海道除く）＞

1989～2017年の29年間で
約9倍に増加（中央値）

- 329万頭（90%信用区間の上限）
- 273万頭（50%信用区間の上限）
- 244万頭（中央値）
- 220万頭（50%信用区間の下限）
- 192万頭（90%信用区間の下限）

289
28

（年度）

※2017年度（H29年度）の北海道の推定個体数は約66万頭。

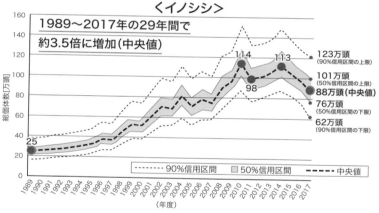

＜イノシシ＞

1989～2017年の29年間で
約3.5倍に増加（中央値）

- 123万頭（90%信用区間の上限）
- 101万頭（50%信用区間の上限）
- 88万頭（中央値）
- 76万頭（50%信用区間の下限）
- 62万頭（90%信用区間の下限）

114　113
98
25

- - - - 90%信用区間　☐ 50%信用区間　━ ━ 中央値

（年度）

全国のニホンジカ及びイノシシの個体数推定等の結果について・令和元年度（農林水産省）

　2013年に環境省と農林水産省は、野生鳥獣の中でも特に人間社会に被害をもたらしているイノシシとシカに対して『抜本的な鳥獣捕獲強化対策』を立ち上げました。この対策案では、2011年時点でシカ261万頭、イノシシ88万頭とされる生息数を、10年後の2023年までには半数まで減らすことを当面の目標としています。

　この個体数管理の目標を達成するために不可欠なのが、捕獲を行う人材の確保です。先に述べたように、野生鳥獣の捕獲は狩猟制度・捕獲許可制度・特定鳥獣保護管理計画制度のいずれかに従って行う必要があるため、捕獲の担い手となる人材は、次のように分類されます。

　①狩猟制度における狩猟者（ハンター）
　②捕獲許可制度における鳥獣被害対策実施隊員（主に対象鳥獣捕獲員）
　③特定鳥獣保護管理計画制度の捕獲等事業における捕獲従事者

　野生鳥獣の捕獲は法定猟法によって行うので、狩猟免許の所持者数を見れば現状の人材数がわかります。

<新規　狩猟免許取得者数>

（人）

新規の免許取得者は近年増加傾向

2005: 7,261
2006: 5,914
2007: 8,112
2008: 7,040
2009: 10,291
2010: 11,551
2011: 13,139
2012: 10,782
2013: 12,434
2014: 14,912
2015: 17,823
2016: 16,980

2020年12月時点で環境省より発表された年齢別狩猟免許所持者数（環境省）

　狩猟免許所持者数の統計は2000年代ごろまで低い水準でしたが、各市町村で鳥獣被害対策実施隊員が設立され始めたことや、指定管理鳥獣捕獲等事業が本格化した影響で、2008年以降の新規狩猟免許所持者数は増加傾向にあります。さらに近年では環境省・農林水産省の主導で『狩猟の魅力まるわかりフォーラム』や、ジビエイベントといった、捕獲の担い手を増やすための活動が各地で行われています。

7. 求められる"猟師"という人材

　2000年代までの日本における野生鳥獣被害対策は、狩猟か都道府県が許可を出す捕獲許可の2択でした。しかし近年では市町村主導の活動や民間団体の事業活動により対策の幅が広がり、さらに狩猟免許所持者数も増加傾向にあります。しかし、一見順風満帆に見える野生鳥獣被害対策ですが、実際のところは様々な面で課題を抱えています。

● 捕獲の担い手が"狩猟者"であることの問題

　現状の野生鳥獣被害防止対策の問題点の一つが人材確保です。先ほど「狩猟免許所持者数は増えている」と述べましたが、実をいうと、狩猟免許所持者が必ずしも鳥獣被害対策にたずさわっているとは限りません。

　そもそも狩猟制度における狩猟者のほとんどは、"遊び"を目的とするレジャーハンターです。このレジャーハンターは有害鳥獣ではない鳥獣を捕獲する人もいますし、被害対策をしなくてもいいような地域で狩猟をする人もいます。さらには狩猟免許を所持したものの、一度も出猟することなく免許を返納する"ペーパーハンター"も存在します。もちろんレジャーハンターは狩猟税という税金を支払って狩猟をしているので、例え行政の意に沿わない活動をしたとしても、非難を受ける道理はありません。

　また現状、個体数管理を担う人材のほとんどがレジャーハンターをかねていることにも問題があります。個体数管理の方針では、野生鳥獣の間引きによる生息数の減少が目的ですが、狩猟者のほとんどは趣味として狩猟を楽しみたいので、野生鳥獣には「もっと増えて欲しい」という思いがあります。つまり、狩猟者と個体数管理を主導する行政の関係は利益相反になっているため、担い手の中には捕獲頭数を水増ししたり嘘の活動報告などを行い、問題になったケースもあります。

レジャーハンターによる個体数管理の問題　　　農業従事者による被害防除の問題

　野生鳥獣被害には『被害を引き起こしている有害化した個体』、いわゆる"WANTED"（お尋ね者）が存在しますが、レジャーハンターが行う捕獲活動では、その個体がWANTEDなのか、それとも偶然捕まってしまった運の無い個体なのか、判別しません。報奨金はどちらを捕獲しても同じ値段なので、狩猟者はむしろ、人間に慣れていないWANTED以外を積極的に捕獲することもあります。

　さらに、農業者が捕獲の担い手になるケースでも問題があります。例えば被害防除でWANTEDを追い払うことができたとしても、その個体が対策を行っていない別の場所で被害を出す可能性があります。農業者主体の対策は、自分たちの地域の被害防止を優先して行う傾向があるため、結局のところ、問題を他の地域になすり付けるだけの対策が多かったりします。

1

法律・知識編

● 被害額が少なくなっても、対策費用が増えれば意味がない

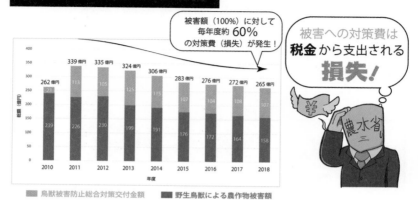

被害総額 ＋ 鳥獣被害防止総合対策交付金

被害額（100%）に対して毎年度約 **60%** の対策費（損失）が発生！

被害への対策費は **税金** から支出される **損失！**

■ 鳥獣被害防止総合対策交付金額　　■ 野生鳥獣による農作物被害額

※ 2012 年〜 2014 年まで別途設置した基金事業より捕獲活動経費の直接支援等を実施

　個体数管理・被害防除・生息域管理という3つの活動で、ここ数年の野生鳥獣による農作物被害額は減少傾向にあります。しかし、被害額に対して毎年多額の対策費をかけ続けている現状を見る限り、必ずしも、「対策が順調に進んでいる」とは評価できません。もちろん国家には、国民に対して食糧安全保障を行うという重要な役割があるため、『食料自給率の維持向上』や『就農意欲の低下防止』という政策は、単純に金額で評価できるわけではありません。しかしその対策に国民の血税が使われている以上、行政は費用対効果を考えた対策を行うことが求められます。

● ビジネス化による対策費圧縮と、求められる「猟師」という専門家

　以上のように、現状の野生鳥獣被害対策は、人材確保と肥大化する対策費という2つの大きな課題を抱えています。そこで行政はこれらの問題を解決すべく、鳥獣被害対策の"ビジネス化"を推進しています。

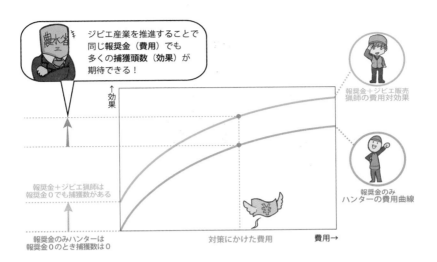

ビジネスの柱となるのが、捕獲した野生鳥獣（主にイノシシ・シカ）を食肉に利用し、ジビエとして商品化することです。これまで捕獲許可制度や特定鳥獣保護管理計画制度で捕獲された野生鳥獣は、埋設や焼却などで処分するように指示されていました。しかし2016年に鳥獣被害防止特措法が改正されたことで、正式に食肉への利用が可能になりました。

この国産ジビエ普及の流れは「命を粗末にしない」という道徳的な意味もありますが、主な目的はジビエをひとつの産業として成長させることで、肥大化する対策費を抑えることにあります。というのも、従事者が独自にマーケットから資金を得られるようになれば、同額の対策費でもこれまで以上の効果を出すことが期待できるからです。

また、国産ジビエを成長させることで、その産業を"生業"とする人材が生まれます。この人材は野生鳥獣の捕獲が生計と直結するため、趣味で狩猟を行うレジャーハンターよりも専門的な技能・知識が蓄積されます。さらにコンプライアンス（法令遵守）の精神も高くなるため、行政側からしてみても連携のしやすいパートナーになります。

このように、野生鳥獣被害対策に従事し、さらにジビエ産業を支える人材を、本書では「猟師」と呼んでいます。古臭い言葉のように思えますが、その実は現在の日本に強く求められている生業なのです。

Chapter
2

狩猟ビジネス

　現代猟師で主軸となる仕事は、有害鳥獣などを捕獲して報奨金を得る『狩猟ビジネス』です。このようなビジネスを始めるためには狩猟免許などのライセンスだけでなく、野生鳥獣や狩猟技術についての知識も必要となります。そこで本章では狩猟ビジネスのはじめかたに加え、基礎的な狩猟知識・技術についても見ていきましょう。

1. 猟師になろう！

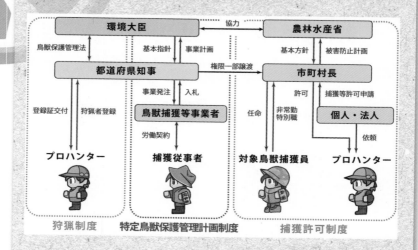

環境大臣	←協力→	農林水産省

鳥獣保護管理法　基本指針　事業計画　　基本方針　被害防止計画

| 都道府県知事 | ←権限一部譲渡→ | 市町村長 |

事業発注　入札　　　　　許可　捕獲等許可申請

登録証交付　狩猟者登録　　鳥獣捕獲等事業者　　任命　非常勤特別職　個人・法人

労働契約　　　　　　　　　　　　　依頼

プロハンター　　捕獲従事者　　対象鳥獣捕獲員　プロハンター

狩猟制度　特定鳥獣保護管理計画制度　捕獲許可制度

1章でお話ししたように、現在の日本には人間と野生鳥獣の間で発生している様々な問題を効率的かつ"経済的"に解決してくれる、猟師という生業が求められています。それでは猟師の仕事とは、具体的にどのような仕組みになっているのでしょうか？

● 個人・法人と契約を結んで活動する『プロハンター』

　日本国内で野生鳥獣を捕獲するためには、狩猟制度・捕獲許可制度・特定鳥獣保護管理計画制度のいずれかに従う必要があり、これ以外で野生鳥獣を捕獲すると密猟者になってしまいます。そこで、この3つの制度にもとづいたビジネスモデルを考えてみましょう。

　まず考えられるのが、野生鳥獣の被害に困っている個人や法人と、捕獲や防除に関する契約を結ぶビジネスです。例えば、野生鳥獣の被害に悩んでいるゴルフ場経営者と「コース管理」などの名目で『野生鳥獣の防除・捕獲』の契約を結び、外注費という形で報酬を得ます。この方法は、その個人・法人と交渉できる"こね"が必要になりますが、例えば広い農地を持

つ個人農家・農業法人や、リゾートホテルを運営する観光業者、広大な敷地を管理する不動産会社など、様々な業界に需要があります。

このように駆除や防除などの契約を結んで報酬を得る狩猟者は、レジャーハンターに対してプロハンターと呼ばれます。なお、このようなビジネスモデルは、狩猟制度では猟期や狩猟鳥獣といった縛りが多いため、捕獲許可制度で行うのが一般的です。捕獲許可制度で行う場合は、契約を結ぶ個人・法人に捕獲許可の申請を出してもらい、その捕獲方法に自身の氏名を指定してもらうことで、実行できるようになります。

● 市町村の鳥獣被害対策実施隊員に従事する

捕獲許可制度ではもうひとつ、市町村の被害防止計画をもとに組織された鳥獣被害対策実施隊員に入ることでも収入を得られます。実施隊は、そもそもその市町村に実施隊が設置されているか確認しなければならないので、まずは市町村役場の鳥獣被害対策窓口（農林課や地域振興課など）に問い合わせてみましょう。インターネットで実施隊の設置を公表している所も多いので、「○○市町村 被害防止計画」で検索してみてください。

市町村に実施隊があれば、あとは市町村長から『実施隊員の任命』を受ければよいのですが、この任命の基準は市町村によって異なります。これについては話がかなり"ややこしい"ので、詳しくは後述します。

● 鳥獣捕獲等事業者を立ち上げるか、捕獲従事者の契約を結ぶ

特定鳥獣保護管理計画制度では、鳥獣捕獲等事業者になれば都道府県の出す公共事業を請けることができます。さらに認定鳥獣捕獲等事業者制度の認定を受けることができれば、ビジネスはより行いやすくなります。

しかし、ゼロから狩猟ビジネスを始めることを考えた場合、初めから法人を立ち上げるのはハードルが高いといえます。よって、ひとまずは既存の鳥獣捕獲等事業者と労働契約を結び、捕獲従事者として報酬を得る道を考えましょう。

● 狩猟免許試験

　現在の日本では、個別に契約を結ぶ『プロハンター』、市町村の実施隊に属する『対象鳥獣捕獲員』、鳥獣捕獲等事業者を立ち上げる・または『捕獲従事者』として契約するというビジネスモデルが考えられます。これらのビジネスに運送業や古物商のような『営業の許認可』は必要ありませんが、使用する猟具に応じた狩猟免許を所持しておく必要があります。

　狩猟免許は環境省が管轄する国家資格です。試験自体は都道府県が管理しているため、申請は受験者が住んでいる都道府県の所轄事務局（環境管理局など）、または支部猟友会（「猟友会」について詳しくは後述）が窓口になっています。狩猟免許試験の開催日等の情報はインターネットでも公開されているので、「○○都道府県　△年度　狩猟免許試験」で検索をしてみてください。

　狩猟免許試験では、知識試験、適性試験、実技試験の3つが行われます。知識試験は共通問題20問と、狩猟免許区分ごとの選択問題10問の計30問が3肢択一式で出題され、制限時間90分中に21問正解すれば合格です。問題は、各都道府県猟友会などで購入できる『狩猟読本』という書籍から出題されるため、必ず予習しておきましょう。

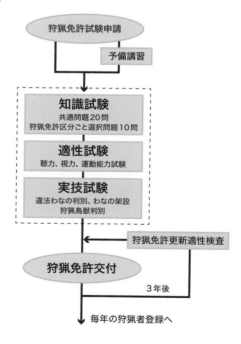

　知識試験の結果は同日中に発表され、合格者は引き続き、視力、聴力、運動能力の適性試験が行われます。視力は第一種・第二種銃猟免許で両眼0.7かつ一眼0.3以上、わな猟・網猟免許で両眼0.5以上、一眼し

か見えない人は他眼0.5以上で視野が左右150°以上が必要です。聴力は10メートルの距離で90デシベル以上、運動能力は四肢をスムーズに動かせる程度の能力が求められます。なお、視力・聴力については眼鏡や補聴器などの使用が可能です。

知識試験
1）法律に関する問題
2）猟具に関する問題（免許区分ごとの選択）
3）野生鳥獣に関する問題
4）野生動物の保護管理に関する問題

適性試験
1）視力検査
2）聴力検査
3）運動能力検査

第一種実技試験
1）距離の目測（300,50,30,10 m）
2）散弾銃の点検、分解、結合
3）散弾銃の射撃姿勢
4）団体行動時の銃器取り扱い
5）休憩時の銃器取扱
6）第二種銃猟と同じ試験
7）鳥獣判別 16 問（鳥類・獣類）

第二種実技試験
1）距離の目測（300,30,10 m）
2）空気銃の操作
3）空気銃の射撃姿勢

4）鳥獣判別 16 問（鳥類）

わな・網 実技試験

1）わな・網 猟具の判別
2）わな・網 の架設

3）鳥獣判別 16 問（わな：獣類）（網　：鳥類）

　適性試験に合格したら、続いて実技試験が行われます。実技試験は100点を持ち点とした減点方式で行われ、受験する免許区分によって出題内容が異なります。試験終了までに70点以上（減点が31点以下）の点数が残っていれば合格となります。実技試験は、銃の組み立て・分解や、わなの架設など、実際の猟具を扱ったことがないと非常に難しい試験です。そこで試験対策として、各都道府県猟友会が開催している予備講習会に参加しておきましょう。

　実技試験に合格すると、受験した免許区分に応じた狩猟免状が交付されます。この狩猟免状は狩猟者登録などに必要となる書類なので、失くさないように保管しましょう。

　なお、狩猟免許の有効期限は、取得した年度を含めた3年間です。4年目以降も同じ免許を所持し続けたい場合は、狩猟免許更新適性検査を受講します。狩猟免許を失効させると、再取得にまた狩猟免許試験を受けなおさないといけないので、注意しましょう。

● 銃所持許可

　第一種銃猟（装薬銃）または第二種銃猟（空気銃）で狩猟をする人は、狩猟免許とは別に『銃の所持許可』を受ける必要があります。この銃所持許可は都道府県の公安委員会の管轄になるため、申請は所轄警察署の生活安全課で行います。銃所持許可の流れは以下のようになります。

1. 所轄生活安全課に猟銃等講習会の受験申請書を提出する。
2. 猟銃等講習会（初心者講習）を受講する
3. 講習修了証明書を受け取ったら、教習資格認定申請書を提出する
4. 資格認定のための身辺調査を受ける
5. 射撃教習で使用する実包を購入するための猟銃用火薬類等譲受許可申請書を提出する
6. クレー射撃による射撃教習を受ける
7. 射撃教習修了証明書を受け取ったら所持する予定の銃砲を仮押さえする
8. 必要書類を集めて所持許可申請書を提出する
9. 所持資格調査（身辺調査）を受ける
10. 所持許可が下りたら仮押さえをしておいた銃を引き取る
11. 銃砲の検査を受ける

※空気銃の所持許可に教習射撃は無い

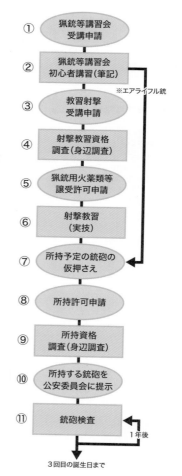

① 猟銃等講習会 受講申請
② 猟銃等講習会 初心者講習（筆記）
※エアライフル銃
③ 教習射撃 受講申請
④ 射撃教習資格 調査（身辺調査）
⑤ 猟銃用火薬類等 譲受許可申請
⑥ 射撃教習 （実技）
⑦ 所持予定の銃砲の 仮押さえ
⑧ 所持許可申請
⑨ 所持資格 調査（身辺調査）
⑩ 所持する銃砲を 公安委員会に提示
⑪ 銃砲検査
1年後
3回目の誕生日まで

　銃砲を実際に所持できるまでには、最低でも半年以上はかかります。各証明書には有効期限があるため、スケジュールを組んで取り組みましょう。

　②の猟銃等講習会では、銃刀法や火薬類取締法、鳥獣保護管理法などの法律に関する講義や、銃の安全な取り扱いに関する講義などが行われます。講義は朝の9時から17時まで行われ、講義の最後には考査（筆記テスト）があります。考査は講習で使用される猟銃等取扱読本から出題されますが、内容がかなり複雑なので、過去問を解くなどして必ず予習しておきましょう。

　⑥の射撃教習は、実際の散弾銃を使用したクレー射撃によって行われます。教習の最後には考査（クレー射撃の実技テスト）が行われますが、合格基準は指導されたことを守っていればクリアできるので、リラックスをしてのぞみましょう。

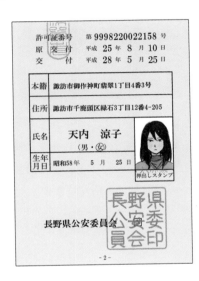

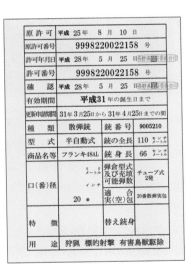

　所持した銃は許可を受けた用途以外には使用できないため、鳥獣対策実施隊や鳥獣捕獲等事業で使用する場合は、必ず『有害鳥獣駆除』で受けておく必要があります。しかし有害鳥獣駆除の用途で許可をもらうためには、銃所持許可の許可証番号が記載された捕獲許可証や従事者証の提示が必要という"パラドックス"になっています。そこで、ひとまずは狩猟免状の提示で受けることのできる『狩猟』か『標的射撃』の用途で所持許可を受けておき、必要書類が整ったら、銃砲刀剣類所持許可証書換申請書を提出して、所持許可証に有害鳥獣駆除の用途を追加しましょう。

2. 狩猟ビジネスを始める筋書き

　0章でご紹介したように狩猟ビジネスは、レジャーハンターから副業として始めた人や、自分の農地を守るために始めた人、移住を機に始めた人など、始めた経緯は人によって様々です。そこで本節では狩猟ビジネスを始める具体的な筋書きを、一例としてご紹介します。

● まずは狩猟の経験を積む

　狩猟について何も経験が無い人は、まずは一般的なレジャーハンターとして活動することをオススメします。野生鳥獣の捕獲には、猟具の取り扱いや野生鳥獣の捕獲技術、安全な止め刺し、しとめた屠体の引き出しなど、様々なノウハウが必要になります。よって、まったく何の経験もない人が「狩猟でお金を稼ぎたい！」といっても、誰も信用してくれません。

　ゲームのモンスターハンターでHR（ハンターランク）が上がらないと上位のクエストが受けられないように、現実世界でもハンターとしての"評判"が上がらなければ、お金を得られるような依頼が来ることはありません。そこでひとまずはレジャーハンターとして狩猟のノウハウや知識、地域との関わりを築いていき、ビジネスの基礎を作っていきましょう。

● 狩猟者登録と猟友会の役割

大日本猟友会

日本における狩猟の権利を守るために組織された狩猟者による団体です。行政交渉を行うほか、共済事業やハンター保険の取次を行っています。

都道府県猟友会

都道府県行政との交渉窓口となる団体です。毎年変化する狩猟情報をまとめて狩猟者の皆様に情報を提供しています。また射撃大会を開催したりしています。

支部猟友会

地区行政とハンターの皆様との間に立って手続きの代行を行う団体です。狩猟で困ったことがありましたら、なんでもご相談ください！

狩猟を始めるためには、狩猟を行う都道府県に対して狩猟者登録を行わなければなりません。狩猟者登録は毎年8月ごろから受付が始まるので、下記書類をそろえて都道府県の所轄事務局に提出します。

1. 狩猟者登録申請書
2. 狩猟免状
3. 3,000万円以上の損害賠償能力を有することの証明書
4. 写真2枚（縦3cm×横2.4cm）
5. 登録手数料
6. 狩猟税

狩猟者登録は個人で申請できますが、その手続きを猟友会に代行してもらうこともできます。猟友会は、狩猟共済事業を担当する大日本猟友会、狩猟事故・違反の防止活動などを行う都道府県猟友会、窓口業務を行う支部猟友会で構成されており、毎年の会費を支払うことで自動的に3つの猟友会に加入します。猟友会に加入するメリットは狩猟者登録の手続き代行だけでなく、猟友会共済への加入や情報収集など様々な特典があるため、特に初心者のうちは猟友会への加入をおすすめします。

2
狩猟ビジネス

● 鳥獣被害対策実施隊員への入り方

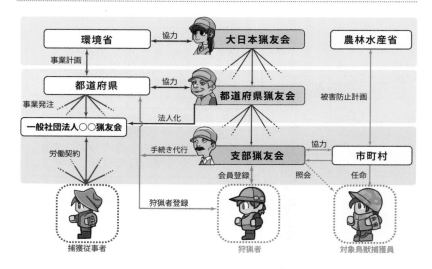

　先に、鳥獣被害対策実施隊員の任命を受ける条件は"ややこしい"と述べましたが、多くの市町村では地元の支部猟友会に判断を任せているケースがあります。この判断基準は支部猟友会によって異なり、例えば「〇年以上継続して猟友会会員でないとダメ」や「わな・網猟なら初年度からOK」など様々です。この判断基準は明文化されていないため、まずは市町村役場で任命を受ける条件を教えてもらい、必要であれば支部猟友会へ問い合わせましょう。

　ただし、ここで理解を整理しておいていただきたいのが、「猟友会＝実施隊」ではないということです。よく「街中にイノシシが出没して、『地元猟友会』が駆除にあたった」といったニュースが流されますが、猟友会は先に述べたように狩猟者登録代行や共済事業を行う団体なので、猟友会が実施隊を組織しているわけではありません。また、猟友会の中には「一般社団法人〇〇猟友会」といった形で法人化しているケースがありますが、この法人は特定鳥獣保護管理計画制度の鳥獣捕獲等事業者なので、捕獲許可制度の実施隊とは関係ありません。このように、狩猟業界の各機関はかなり複雑になっているので、それぞれの相関関係について理解を整理しておきましょう。

● すぐに狩猟業を始めたい人は『地域おこし協力隊』という筋書き

野生鳥獣被害が酷い市
町村では担い手の確保の
ために、1年目から実施隊
に任命してもらえるところ
もあります。そこで、すぐ
に狩猟業を始めたい人は、
このような市町村を探して
移住するという手が近道
です。

例えば、各市町村で地域への移住や産業の創設などを推進する目的で行
われている『地域おこし協力隊』では、よく鳥獣被害対策実施隊員が公募
されており、年間440万円までの活動経費援助や、年間100万円までの起業
支援などを受けることができます。協力隊として活動できる期限は最長3年
間と決められていますが、その間に地域との交流や情報収集ができるため、
狩猟ビジネスを始めるとてもよい足掛かりになります。

●『サラリーマン猟師』という働きかた

特定鳥獣保護管理計画制度の捕獲従事者の需要は、一般的な求人サイト
やハローワークで見つけることができます。また、猟友会や実施隊から声
がかかったり、「凄腕ハンター」の名声を聞きつけて事業者からヘッドハン
ティングされる事例もあります。

捕獲従事者の労働契約は、個人事業やアルバイトといった形で結ぶこと
もありますが、正社員として給与をもらう『サラリーマン猟師』という道
もあります。サラリーマン猟師であれば月々に決まった収入を得られるだ
けでなく、様々な土地に派遣されて活動もできるため、市町村内でしか活
動できない鳥獣被害対策実施隊員よりも多くの経験を積むことができます。
さらにこのような会社では、データ分析や、野生鳥獣対策に関する様々な
コンサルティングなどを行っているところもあるので、キャリアの幅が広
がります。

● プロハンターは実績第一

　地域おこし協力隊や認定鳥獣捕獲等事業者で狩猟ビジネスを始める場合は、人材を保証するバックグラウンドがあるため、周囲の人たちも一定の信頼感を持ちます。しかし個人で狩猟ビジネスを始める人は実績を積み上げていかないと信頼を得られないため、特に駆け出し時代は"御用聞き"が必要になります。例えば、地元の農家をまわって鳥獣被害について聞いてまわり、「お困りごと」があれば解決してあげましょう。このような活動は少しずつ口コミであなたの評判を広げていき、いつしかプロハンターとして認めてもらえるようになります。このように狩猟ビジネスには狩猟技術だけでなく、自分という商品を売り込む営業力も重要になります。

●『お金の話』は狩猟ビジネスの超基本

　対象鳥獣捕獲員の中には、「この仕事はボランティアみたいなものだから生計を立てるのは不可能だ」という人も多くいますが、それは大きな間違いです。すでに1章でお話ししたように、狩猟ビジネスは現代社会に強く求められている生業ですし、また0章でお話ししたように多くの人が生計を立てています。

　もちろん狩猟ビジネスは、初年度から生計を立てるレベルの収入を得られることは稀であり、初めのうちはボランティアレベルの報酬で仕事を行うこともあります。しかし事業のスタートアップが赤字なのは、どのような業界で起業をしても同じことであり、「狩猟業界だから特別難しい」というわけではありません。

　起業するためには、まず支出予想を考えます。この支出予想は、ビジネスを回していくための経費や生活費、また貯蓄や投資に回す利益を合算して弾き出します。次にお金を生む種、例えば本書でご紹介している狩猟ビジネスや物販などを組み合わせてビジネスモデルを作ります。この初めて組んだビジネスモデルで得られる収入予測は、支出に届かないのが普通です。そこで後は、支出を見直したり、ビジネスモデルを組みなおしたり、時にはプロのコンサルタントの意見を聞いたりしながら『事業計画』を練っていきます。

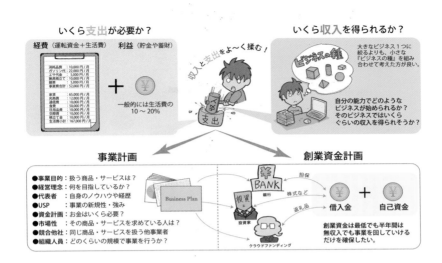

事業計画ができたら、最低でも3か月は経営を続けられる運転資金を含めた『創業資金』を用意しましょう。創業資金は自己資金（貯金）に加え、銀行や日本政策金融公庫、自治体の創業融資、また近年ではクラウドファンディングで融資を募るなど、色々な集め方があります。

　このようなお金の話はビジネスの超基本です。よってこれから猟師で生計を立てたいと思っている人は、まずは自分で事業計画を作ってみましょう。もちろん実際の経営では、実績作りや信頼確保のために赤字を掘る覚悟で仕事を受けたり、利が無いと思える仕事を断ったりと、様々な『経営判断』が必要になります。しかしこのような能力は机上で身に付くことではないため、まずは勇気を出して実業家としての一歩を踏み出すしかありません。

　どうしても不安がある人はビジネススクールに通ってみたり、WebやITエンジニア、せどり、といった比較的リスクが低い分野でスモールビジネスを始めてみるのもよいでしょう。0章7節でご紹介した山本さんの例のように、リモートワークで仕事ができるスキルを身に付けておけば、狩猟業が起動にのるまで副業で収入を得ることができるので、キャッシュフロー（現金の流れ）がショート（経費や生活費にあてる現金が不足）するなどのリスクが少なくなります。

3. 法定猟具の基礎知識

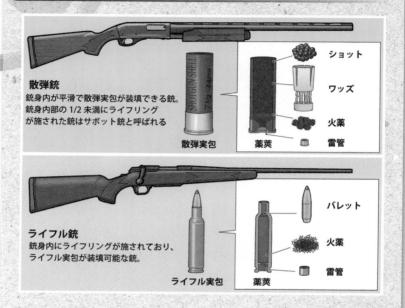

散弾銃
銃身内が平滑で散弾実包が装填できる銃。
銃身内部の1/2未満にライフリング
が施された銃はサボット銃と呼ばれる

散弾実包　薬莢　ショット　ワッズ　火薬　雷管

SHOTGUN SHELL 7½ 24gms

ライフル銃
銃身内にライフリングが施されており、
ライフル実包が装填可能な銃。

ライフル実包　薬莢　バレット　火薬　雷管

装薬銃、空気銃、わな、網といった法定猟具は、扱い方を間違えると取り返しのつかない事故につながる危険性があります。よって猟師を目指す人は、猟具の特性をよく理解して、無事故、無違反に努めましょう。

● 装薬銃

　「銃」という言葉には様々なタイプがあり、例えば手のひらに収まるサイズの拳銃や、電気を発射するテーザー銃、建設現場で使用される鋲打ち銃、屠殺場で使用される屠殺銃などがあります。これら銃の中で『火薬の燃焼ガスの圧力で金属製弾丸を発射する銃』は装薬銃と呼ばれており、さらに「野生鳥獣の捕獲、またはスポーツ」の目的で所持できる装薬銃を猟銃と呼びます。

　猟銃はさらに使用する弾の種類によって、散弾銃とライフル銃に分類さ

れます。散弾銃は散弾実包と呼ばれる弾を装填できる銃の総称で、散弾実包の中に粒状の弾（散弾）や1発の大きな弾（スラグ弾）を詰めることで、スズメからヒグマまで大小様々なターゲットを捕獲できます。また、散弾実包の中にはサボットと呼ばれる構造の弾を詰めたタイプもあり、これを発射するのに適した散弾銃をサボット銃（またはハーフライフル銃）と呼びます。

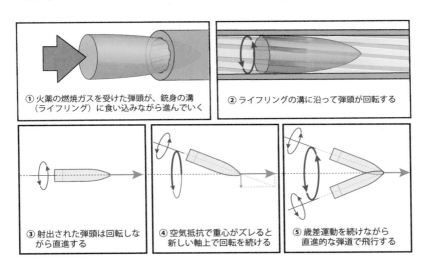

① 火薬の燃焼ガスを受けた弾頭が、銃身の溝（ライフリング）に食い込みながら進んでいく

② ライフリングの溝に沿って弾頭が回転する

③ 射出された弾頭は回転しながら直進する

④ 空気抵抗で重心がズレると新しい軸上で回転を続ける

⑤ 歳差運動を続けながら直進的な弾道で飛行する

ライフル銃は、ライフリングと呼ばれる『らせん状』の溝が掘られた銃身を持つ銃の総称で、薬莢の先端に弾頭（バレット）を圧着したライフル実包を使用します。ライフリングには、発射する弾頭に回転を加えて弾道を安定化させる効果があるため、ライフル銃は散弾銃よりも長距離を狙撃するのに向いています。なお、サボット銃は散弾銃の銃身にライフリングが刻まれているため、散弾銃よりも命中精度が良くなります。

散弾銃とサボット銃は、先に述べた銃所持許可のフローで所持できますが、ライフル銃は射程距離が長く扱いが難しいため、所持するためには散弾銃かサボット銃を10年以上所持した実績が必要になります。しかし、鳥獣被害対策実施隊や特定鳥獣保護管理計画制度の捕獲従事者のように、事業としてライフルを必要とする人については、1年目からライフル銃を所持できる特例があります。

● 空気銃（エアライフル）

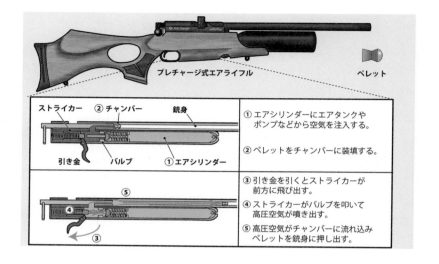

プレチャージ式エアライフル　　　ペレット

ストライカー　②チャンバー　　銃身	① エアシリンダーにエアタンクや 　ポンプなどから空気を注入する。
引き金　　　バルブ　　①エアシリンダー	② ペレットをチャンバーに装填する。
⑤ ④ ③	③ 引き金を引くとストライカーが 　前方に飛び出す。 ④ ストライカーがバルブを叩いて 　高圧空気が噴き出す。 ⑤ 高圧空気がチャンバーに流れ込み 　ペレットを銃身に押し出す。

　装薬銃の弾を発射するエネルギー源が火薬の燃焼ガスなのに対し、空気銃は内部に蓄えた圧縮気体をエネルギー源とする銃です。空気銃の中でも銃身内にライフリングを持ち、構造をライフル銃に似せたタイプは「エアライフル」と呼ばれています。

　空気銃の仕組みには、シリンダー内でピストンをスプリング（バネやガスラム）で押し出して発射するスプリング方式や、高圧の炭酸ガスを使用するガス圧式、銃をポンピングして空気を貯めていくポンプ式、銃内部のエアシリンダーに外部から圧縮空気を送り込んで貯め込み、この圧縮空気を小出しにして弾を発射するプレチャージ式の4種類があります。

　この中で近年よく利用されているプレチャージ式は、500mmペットボトル程度のエアシリンダーに、およそ200気圧（23トン）以上もの空気を貯め込むことができるため、他の方式に比べてはるかに速い弾を発射できます。昔の空気銃は「小鳥を獲るための銃」と言われていましたが、プレチャージ式エアライフルはカラスやカワウといった大型の鳥を遠距離からしとめることも可能です。

● くくりわな

バネ式

バネを動力にしてスネアを引き絞り獲物の体の一部をくくりあげる。現在日本で最も一般的に使われるくくりわな。

はねあげ式

たわめた木の枝などの反発力を利用して小型獣を吊るしあげる。大型獣を吊るすような強力の罠は危険猟法に該当する可能性がある。

ひきずり式

獲物の通路にスネアをしかけて、体の一部をくくりつける。動力は使わず、獲物がスネアを引っぱることで引き絞められる。

2

狩猟ビジネス

　くくりわなは、獲物の通り道にワイヤーで作った輪（スネア）をしかけ、獲物の体の一部をくくって捕らえる猟具です。スネアを引き絞る動力には、バネを使用した『バネ式』や、木などの弾力を利用した『はねあげ式』、スネアに体を入れた獲物が自身の力で引っ張る『ひきずり式』の3つに分類されます。さらに、これらの方式の中で最も一般的なバネ式は、バネの種類によって、押しバネ式、ねじりバネ式、引きバネ式の3つに分類されます。

　くくりわなに使用されるバネやワイヤーはホームセンターに売られている物でも良さそうに思えますが、わなは過酷な自然環境の中に長い時間設置しておかなければならないため、高い耐久性が必要になります。また、くくりわなに捕らえられた獣は、ワイヤーを強烈に引っ張ったり捩じったりするため、耐久力や耐キンク（ねじれ）性も持っていなければなりません。このように、くくりわなのワイヤーやバネは特殊な扱われ方をするので、罠猟具専門メーカーが開発した専用品を購入しましょう。

　くくりわなは、トリガーとバネを地質や捕獲するターゲットによって最適な物に組み替えることができます。しかし、ゼロからくくりわなを作るのは、ある程度の経験が必要になるので、初めのうちは罠猟具専門メーカーで販売されている『くくりわなキット』を使い、扱いに慣れ始めてから自分なりにカスタマイズをしていきましょう。

● 箱わな

大型箱わな

イノシシやシカなどの大型獣を
捕獲する目的の箱わな。鉄筋や
ワイヤーメッシュを溶接して作る。
高さ1m、幅1.3m、奥行2m
ほどのサイズが一般的。

小型箱わな

タヌキやアライグマなどの中型獣
を捕獲する目的の箱わな。持ち
運びが可能なサイズで、トリガー
も一体になっている。市販品を
購入するのが一般的。

　箱わなは、獲物が檻（フレーム）の中に侵入してきたときに扉を落とし、閉じ込めて捕獲する猟具で、イノシシやシカが数頭入る大型タイプや、アライグマやタヌキなどを捕まえる小型タイプ、有害鳥獣捕獲ではカラスを捕獲するタイプなども使われます。

　箱わなのフレームにも様々なタイプがあり、鉄筋棒を格子状に溶接したタイプや、ワイヤーメッシュと呼ばれる金属製網を溶接したタイプなどがあります。特にイノシシを捕獲する目的で作られた箱わなは、中から強烈な突進を受けても破壊されないように、強靭に設計されています。

　扉を落とす仕組みはトリガーと呼ばれ、箱わな内に張った糸に触れると扉が落ちるタイプや、シーソーを踏むと噛み合いが外れて扉が落ちるタイプなど様々な種類があります。このようなトリガーには、獲物の触れる小さな力で重たい扉を動かすために、チンチロと呼ばれる「てこの原理」を応用した部品がよく利用されています。

　箱わなは、くくりわなのように作り替えることは、基本的にはできません。よって箱わなを購入するさいは、サビや気温の差による金属の膨張・縮小、泥や雪などの異物が挟まるなどの外乱があっても確実に作動する、シンプルで信頼性が高いものを選ぶようにしましょう。

● 囲いわな

囲いわなは、金網などで囲いを作り、このエリアに進入してきた獲物を、扉を落として閉じ込める猟具です。箱わなと同じような造りに見えますが、上面が解放されている点に違いがあります。

囲いわなは金網を増やしてエリアを広げることができるため、大きい物ではサッカーコート半分になるものもあります。しかし大きくなればなるほど扉を落とすトリガーの構造が複雑になるため、近年ではモーションセンサーを利用した電子式トリガーが、よく利用されます。

囲いわなは、狩猟で使用する場合は法定猟法の扱いになりますが、農林業従事者が被害防除のために使用する場合は、自由猟具として扱える特例があります。

● 網

法定猟法の網は、むそう網、つき網、はり網、投げ網の4種類が指定されています。これらの網は野生鳥獣の捕獲を目的に製造された物なので、虫取り網や漁業用の網などの一般的なネット（自由猟具）とは造りが異なります。

猟具としての網は、鳥の目では認識できないほど細いヒモを使った『かすみ網』や、粘着性の物質をつけた『もち網』、餌を付けた『釣り針り網』などが古くから利用されてきました。しかし、これらは野鳥を無差別に捕獲してしまうことや、捕獲した獲物を不用意に傷つけてしまうといった理由から、現在ではすべて禁止猟法となっています。

網の中で最も一般的な『むそう網』は、現在でもスズメを捕獲する目的で使用されています。大型のむそう網は、有害鳥獣捕獲や個体数調整においても、カラスやシカなどを一斉捕獲する目的で使用されることもあります。

2 狩猟ビジネス

4. 狩猟の技能

猟法		イノシシ	シカ	サル	クマ	小中型獣	中型鳥類	小型鳥類
銃猟	グループ猟	○	○	○	○	○	○	○
	流し猟	△	○	△	△	×	○	×
	忍び猟	△	○	○	○	×	○	×
	空気銃猟	×	△	△	×	△	○	○
わな猟	くくりわな猟	○	○	○	×	○	×	×
	箱わな猟	○	○	○	○	○	○	△
	囲いわな猟	○	○	×	×	×	×	×

○：効果的に捕獲できる　　　△；捕獲可能　　　×：捕獲に向かない

野生鳥獣は、銃やわなを所持しているからといって、簡単に捕獲できるわけではありません。そこで本節では装薬銃、空気銃、わなにおける狩猟技術について簡単に解説します。

● 銃猟・わな猟の狩猟技術

　散弾銃やライフル銃などの猟銃、または空気銃を使った狩猟は「銃猟」と呼ばれます。銃猟には人によって様々なスタイルがありますが、集団で山に入り獲物を追い出してしとめる『グループ猟』、自動車で山道を走って獲物を探す『流し猟』、単独（または猟犬と共に）徒歩で山に入って獲物を探す『忍び猟』、空気銃を使った『空気銃猟』の4種類に分けられます。

　わな猟は猟具の種類に応じて、くくりわな猟、箱わな猟に分類されます。この2つの狩猟技術は同じわな猟でも大きく異なり、くくりわなは『見えない罠』なのに対し、箱わなは『見えている罠』という違いがあります。なお、わなの法定猟具には『箱落し』と『囲いわな』がありますが、狩猟技術的には箱わな猟とあまり変わらないため、本書では解説を省略します。

● グループ猟

タチ（待ち伏せ役）

獣道（逃走経路）

GO!

セコ（犬引き役）

「巻き狩り」や「追い山」とも呼ばれるグループ猟は、複数人のハンターでグループ（猟隊）を組む狩猟スタイルです。グループ猟は地理や土地の風習などでやり方は様々ですが、獲物を驚かせて追い立てる勢子（せこ）と、逃げてくる獲物を待ち伏せるタチ（タツマやブッパなど地域により呼び方は様々）に分かれて行います。

勢子は獲物を驚かせる鳴り物（ラッパや太鼓など）を使って獲物を追い立てる「人勢子」の場合もありますが、多くの猟隊では猟犬を使役します。猟犬にはGPSが取り付けられているので、タチはGPSの位置情報と鳴き声が聞こえてくる方向から獲物が逃げて来るルートを予想して、獲物を待ち伏せます。

グループ猟は、作戦の組み立て方でどのような野生鳥獣でも捕獲できる万能な狩猟スタイルです。猟隊のベテランハンターから狩猟の基本を学ぶこともできるため、初心者はまず地元の猟隊に混ぜてもらい、グループ猟から経験することをオススメします。なお、鳥獣被害対策実施隊でグループ猟を行う場合は、市町村から支払われる報酬を頭数で割ったり、1回の出猟につき猟隊の取り決めた定額分が支払われるなど、報酬の配分のしかたが猟隊によって異なります。よってビジネスとして考えるのであれば、あらかじめ報酬がどのように分配されるか確認をしておいた方がよいでしょう。

● 忍び猟

　足音を忍ばせて山野を歩き、獲
物を見つけて引き金に指をかけ
る・・・。おそらく多くの人が「ハ
ンター」という言葉で想像するで
あろうこの狩猟スタイルは、『忍び
猟』と呼ばれています。

　警戒心の強い野生鳥獣に近づくのは簡単なことではありませんが、決し
て不可能ではありません。例えばイノシシやシカといった大型獣は優れた
聴力や動体視力を持っていますが、色覚は人間よりも劣っています。よっ
て、ゆっくりとした身のこなしで動くことで、50〜20m程度まで獲物に近
づくことが可能です。

　銃で獲物をしとめるためには銃を扱うテクニックが必要になりますが、特
に忍び猟では長距離での狙撃が必要とされる場面が多いため、スコープと
呼ばれる照準器の取り扱いが重要になります。このスコープは、あらかじ
め照準（レチクル）の中心に弾が通る距離を「ゼロイン」として設定して
おくため、獲物と対峙した瞬間に「ゼロインから獲物は何メートルぐらい
離れているか」を把握して照準を補正しなければなりません。長距離狙撃
にはこのような目測技能に加え、銃の安定した構え方や、引き金を引く指
運びなど、様々な射撃スキルが必要になります。

　一般的にイノシシやシカは夜間に活動しているため、日中は茂みの中や木
陰に隠れて眠っています。そこで忍び猟は、このような寝込みを強襲する
『寝屋撃ち』を行うこともあります。獲物が潜んでいる場所は季節や気温に
よって変わりますが、ある程度の傾向（寝屋が作られやすい場所）がありま
す。また嗅覚で獲物を見つけ出す猟犬を使役して行うこともあります。

　鳥獣保護法では、夜間（日の入り後から日の出まで）の銃猟は禁止され
ています。しかし特定鳥獣保護管理計画制度で都道府県が「効果的」と判
断した場合に限っては、その事業を請けた事業者と捕獲従事者が専門的な
講習を受け、さらに地域住民に十分な説明をして理解を得られた場合、夜
間銃猟が特別に許可されます。

● 流し猟

流し猟は、自動車や二輪車で林道を走り、獲物を見つけたら車両から降りて狙撃する猟法です。歩いて獲物を探す忍び猟に比べて広い範囲を探索できますが、動いている車内から木々の

隙間にいる獲物を見つけ出すのは、それなりの経験が必要になります。使用する車両は、整備された林道であれば自家用車でも十分ですが、荒れた林道や舗装されていない山道では、4WDの自家用車や軽トラック、オフロードバイクが必要になります。

流し猟や忍び猟では山の中を適当に探しても猟果は望めません。よって獲物が季節ごとに、どのあたりに出没するかを予想して探索ルートを考えましょう。例えばシカは、夜間に人里近くに降りてきて、日が昇ると山奥に移動する習性があります。そこで早朝と日暮れは里山付近の林道を探索し、日中は山奥に近い林道や山道を探索するようにします。また、季節によって野生動物の餌となる植物の生息域が変わるため、あらかじめ餌場に目星をつけておき、季節ごとに周回するルートを変えます。野生動物の移動ルートは、気温や気候、地理によっても変わるため、獲物の発見・捕獲場所はメモをとって情報を蓄積し、年間の行動パターンを分析することが猟果向上のカギを握ります。

なお、鳥獣保護法と道路交通法により、車内や道路上、弾丸が道路を飛び越えるような発砲は禁止されています。そのため流し猟を行う場合は必ず車外に出て、道路ではない場所から発砲しなければなりません。しかし近年では、餌で誘引したシカを車両上から発砲して捕獲する、モバイルカリングという猟法が研究されています。この猟法では、警察の許可を受けて道路（林道）を一時通行止めにして、さらに都道府県から「車両上からの発砲による捕獲」に関する捕獲許可を受けることで実施できます。

2

狩猟ビジネス

● 空気銃猟

　散弾銃やライフル銃など
の装薬銃は、発砲時に轟音
を発します。よって、カラ
スやヒヨドリ、タヌキ、ア
ライグマといった人里近く
に出没する鳥獣に対しては、
エアライフルで狙撃する空
気銃猟が効果的です。

　空気銃は圧縮された空気圧を利用してペレットを発射するため、装薬銃
に比べて発砲音はかなり小さくなります。エアライフルの発砲音の大きさ
は機種によって違いますが、おおむね『パーティー用のクラッカー』から
『強めの拍手』程度です。さらに、射出したライフル弾頭の最大到達距離
は1kmを超えるのに対し、エアライフルは100〜200m程度です。よって、万
が一狙いを外したとしても流れ弾が人や民家に命中するリスクは小さいと
いえます。

　近年のエアライフルはパワーが向上しているため、ニホンザルの捕獲に
も有効です。ニホンザルは民家近くに出没することが多く、また木の上を
移動することが多いため、発砲音が小さく流れ弾のリスクの少ないエアラ
イフルでの駆除が注目されています。

　さらに近年では、わなに
かかったイノシシやシカを止
め刺しするのにもエアライフ
ルは使用されています。止
め刺し用のエアライフルで
は、7.62mmの大口径モデル
がよく利用されており、さら
に空気充填の手間がかかるプレチャージ式よりも装填が簡単な単発スプリ
ング式がよく利用されています。

● くくりわな猟

くくりわな猟は、スネアと動力、トリガーを組み合わせて様々なバリエーションを作ることができるため、獣を捕獲する手段として汎用性の高い猟法です。例えば、細い針金とひきずり式のトリガーを使うことでウ

サギやシマリスといった小型獣を捕獲できたり、頑丈なワイヤロープと強力なバネを使うことで、イノシシやシカなどの大型獣を捕獲できたりします。なお、ツキノワグマやヒグマもくくりわなで捕獲できますが、罠にかかったクマは狂暴化してハンターが反撃を受ける危険性が高いので、鳥獣保護法により禁止されています。また、鳥類も簡単なくくりわなで捕獲できますが、乱獲防止の目的で禁止猟法になっています。

くくりわなで獲物を捕獲するためには、トリガーに触れさせなければなりません。よって踏板や糸などのトリガーは、獲物が普段よく通る道（獣道）にしかける必要があります。このような獣道は、獲物の足跡や糞、木に体を擦りつけたときに付着する泥の跡、獲物が餌を食べた跡（食跡）といった痕跡（フィールドサイン）を見つけ出して分析しなければなりません。

このような調査・分析は「見切り」（フィールドワーク）と呼ばれており、正確にフィールドサインを読むには長年の経験と勘が必要です。しかし近年では自動撮影ができる野外カメラ（トレイルカ

メラ）が安価に出回っており、初心者でもフィールドサインの調査が比較的簡単に行えるようになっています。

● 箱わな猟

箱わな猟は、ほぼすべての野生鳥獣を捕獲できるため、狩猟のみならず有害鳥獣捕獲や個体数調整でも多用される猟法です。しかし箱わなは、見た目はシンプルながらも扱いが難しく、運用にはかなりの経験と忍耐強さが必要になります。

くくりわなと箱わなの大きな違いは、『見えない罠』か『見えている罠』かです。まず『見えない罠』であるくくりわなは、もし捕獲に失敗したとしても獲物には気付かれていないので、再び捕獲できるチャンスがあります。しかし『見えている罠』である箱わなは、一度でも捕獲に失敗すると「これは危険な物だ」と獲物に学習されてしまうため、同じ場所で捕獲するのは難しくなります。また『見えない罠』であるくくりわなは、運が良ければ翌日にも獲物が捕まりますが、『見えている罠』である箱わなは初めから警戒心を持たれているため、檻の中に誘いこむためには餌を撒いて徐々に慣れさせていくしかありません。警戒心の強さは野生動物の種類や個体差によって違うため、タヌキや幼獣は比較的容易に捕獲できますが、老獪なイノシシやシカを捕獲するためには数週間から数カ月にまでおよぶ一進一退の駆け引きが続くこともあります。

クマの捕獲はくくりわなと同様に禁止されていますが、捕獲許可用の特殊な箱わなが開発されています。この罠はドラム缶のような円柱状になっており、クマの強烈な体当たりを受けても壊れないような頑丈な造りになっています。

小型箱わなは、タヌキや
アライグマ、アナグマ、キ
ツネといった中小型獣の捕
獲に有効です。大型箱わな
のように一度での大量捕獲
はできませんが、持ち運び
に便利なサイズなので、獲
物の通り道になる場所に複
数しかけておきましょう。

● 効率化をはかる罠発信機の利用

わな猟では原則として1
日1回の見回りが必要とさ
れています。しかし生業で
狩猟を行う場合は、なるべ
く時間を効率的に使いたい
ところです。そこで近年で
は、わなの発信機が広く利
用されています。

　獲物がわなにかかったことを通知する発信機には様々な種類があります
が、よく使用されているタイプに無線機を使ったものがあります。これは
くくりわなのトリガーや箱わなの扉にスイッチを連動させておき、トリガー
が起動したり、扉が落ちたりすると、スイッチが入って特定の周波数で電
波を発します。この電波を無線機で拾うことで、遠くに居ながらでも獲物
がわなにかかったことがわかります。ただし無線タイプの発信機は電波法
で定められた周波数を利用しなければならないので、必ず技術基準適合証
明を受けた製品を利用しましょう。その他のタイプには、携帯電話回線を
利用したIcTタイプや、LPWA（低消費電力広範囲通信）を利用したタイプ
などが開発されています。

5. ターゲットの特徴と捕獲ポイント

ターゲットとなる野生鳥獣の身体的特徴や活動時間、食性などの生態を知ることは、捕獲だけでなく被害防除にも役立ちます。そこで本節では、有害鳥獣に指定されることが多い野生鳥獣について、その生態や捕獲のポイントについて見ていきましょう。

● 野生鳥獣の捕獲は油断厳禁！

野生鳥獣の捕獲では、決して"油断"をしてはいけません。追い詰められた野生鳥獣は息の根が完全に止めるまで必死に抗います。このとき不用意に近づいたり見くびった行動を取ったりすると、隙を突かれて反

撃を受けて死傷する大事故につながります。このような事故は初心者ハンターだけでなく、猟歴数十年のベテランハンターでも起きているので、常に慎重な行動をこころがけましょう。

⑤ イノシシ

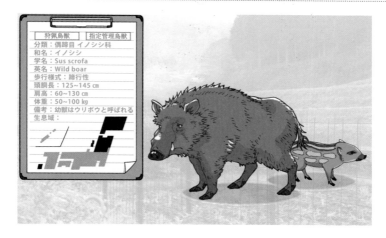

狩猟鳥獣	指定管理鳥獣
分類：偶蹄目 イノシシ科	
和名：イノシシ	
学名：Sus scrofa	
英名：Wild boar	
歩行様式：蹄行性	
頭胴長：125～145 cm	
肩高：60～130 cm	
体重：50～100 kg	
備考：幼獣はウリボウと呼ばれる	
生息域：	

【分類】

　イノシシは体重約50～100kgの大型哺乳類で、本州にはニホンイノシシ、沖縄には小型のリュウキュウイノシシと呼ばれる2亜種が生息しています。私たちのよく知るブタもイノシシの一亜種であり、養豚場から逃げ出したブタがイノシシと交配することもあります。この交配種のイノブタはイノシシよりも繁殖力が強いため、近年イノシシの頭数が急増している要因の一つと考えられています。

【食性】

　イノシシは昆虫や肉なども口にする雑食性ですが、基本的には植物に偏った食性をもちます。農業被害としてはイネやタケノコ、根菜、イモ類などが主であり、田んぼや畑、果樹などに食害をもたらしています。

【捕獲方法】

　イノシシは様々な猟法で捕獲可能ですが、非常に警戒心が強い動物なので、獲物に近寄らないといけない忍び猟や流し猟で捕獲するのは難しいといえます。もし、単独銃猟で捕獲したいのであれば、紀州犬や甲斐犬といった猟犬を使役してイノシシに噛みつかせ、足を止めている間に銃によって捕獲します。初心者には非常に難しい猟法ですが、日本古来より存在する伝統的で奥深い狩猟スタイルとして人気があります。

● ニホンジカ

【分類】 指定管理鳥獣
分類：偶蹄目 シカ科
和名：ニホンジカ
学名：Cervus nippon
英名：Shika
歩行様式：蹄行性
頭胴長：90～190 cm
肩高：60～130 cm
体重：25～130 kg
備考：生息域で異なる亜種が生息
生息域：

エゾシカ

ホンシュウジカ

【分類】

　ニホンジカは北海道から沖縄まで日本国内に広く生息しています。その大きさは住んでいる地域によって大きく変わり、北海道に生息する体重120kgにもなるエゾシカから、本州に生息する体重50kgほどのホンシュウジカとキュウシュウジカ、沖縄県屋久島に生息する体重25kg程度のヤクシカまで、7つの亜種が生息しています。

【食性】

　ニホンジカはウシなどと同様に反芻胃と呼ばれる4つの胃を持つ草食動物で、ササ類やイネ類、ヒノキやイチイといった木の枝葉、ヤナギやカエデといった広葉樹の皮など様々な植物を食べます。

【捕獲方法】

　危険を感じたら一目散に走って逃げるイノシシに対して、ニホンジカは一定の距離を走ると立ち止まって“様子見”をする習性があります。そこで忍び猟や流し猟では、逃げられてもその様子を観察し、立ち止まった所を狙撃するテクニックが有効です。わな猟では、おびき寄せる餌に米ぬかやヘイキューブと呼ばれる飼料がよく使われますが、自然界に餌が多い時期では餌に乗ってこないことも多いため、季節による配合の調整が必要になります。

● ツキノワグマ・ヒグマ

狩猟鳥獣	
分類：食肉目 クマ科	
和名：ツキノワグマ・エゾヒグマ	
学名：Ursus thibetanus / arctos	
英名：black bear / brown bear	
歩行様式：蹠行性	
頭胴長：109〜198 cm /200〜230 cm	
体重：40〜120 kg /120〜250 kg	
備考：エゾヒグマは北海道に生息	
生息域：	

ニホンツキノワグマ
エゾヒグマ

【分類】

　国内に生息しているクマ科の動物は、北海道のエゾヒグマ（クマ属ヒグマ種）と、本州・四国のニホンツキノワグマ（クマ属ツキノワグマ種）の2種に分類されます。ツキノワグマの体重は40〜120kgとイノシシの体付きと似ていますが、ヒグマは体重250kg近くある国内では最大の陸上動物です。

【食性】

　ツキノワグマやヒグマは、フキやセリなどの植物や、ドングリなどの種子、カキ、ミズキなどの果実などを好む植物食傾向の強い動物です。しかし環境によっては、魚類や甲殻類、死んだ動物の腐肉、病気で弱っていたり、わなにかかっているシカを捕食することもあり、ときには人間が襲われることもあります。

【捕獲方法】

　ツキノワグマやヒグマは本来憶病な動物なので、これまではクマ自らが人間との接触を避けるように生息していました。しかし近年では、人間を恐れないクマが出没しており、しばしば人的被害を出しています。このような被害を防除するためには、銃や猟犬によって猟圧を与え、人間が「危険な相手である」であることを認知させる必要があります。銃猟では、主にスラグ弾やサボット銃、.03-06スプリングフィールドといった強力な弾を発射するライフル銃が用いられます。

2
狩猟ビジネス

● ニホンザル

非狩猟鳥獣
分類	霊長目 オナガザル科
和名	ニホンザル
学名	Macaca fuscata
英名	Japanese macaque
歩行様式	蹠行性
頭胴長	48~60 ㎝
尾長	6~13 ㎝
体重	8~18 kg
備考	日本固有種
生息域	

ホンドザル

【分類】

　ニホンザルは、サルの仲間としては日本唯一の固有種で、屋久島に生息するヤクシマザルと、それ以外の場所に生息するホンドザルの2亜種が存在します。国内には、タイワンザルやアカゲザルといったサルも生息していますが、人間の手によって持ち込まれた外来種になります。

【食性】

　ニホンザルは、植物の葉や芽、種子、果実などを好んで食べますが、昆虫類や小動物、生息域によっては甲殻類や海藻なども食べる雑食性の動物です。一般的には数十から百数十頭の群れで移動しながら餌場を探すため、農地に出没すると一夜にして農作物を食い荒らして甚大な被害をもたらします。

【捕獲方法】

　被害を出しているニホンザルが"はぐれ者"の個体であれば、銃やわなでの捕獲が有効です。しかし被害を出しているのが群れの場合は、捕獲すると群れが分裂して被害が広がる可能性があります。そのため被害防除は、イネのひこばえや廃野菜、放棄果樹など『餌になる物』の撤去を行い、サルを地域に寄せ付けない対策が第一になります。そのうえで、被害を出している群れを特定し、群れを一度に捕獲するような集中的な対策が必要になります。

● アライグマ

```
狩猟鳥獣
分類：食肉目アライグマ科
和名：アライグマ
学名：Procyon lotor
英名：Raccoon
歩行様式：蹠行性
頭胴長：42～60 ㎝
尾長：20～40 ㎝
体重：6～10 kg
備考：特定外来生物
生息域：
```

【分類】

　アライグマは頭胴長約60cmの外来種です。しばしばタヌキと間違えられますが、アライグマは人間で言う『手のひら』や『かかと』が発達しており、木登りや直立歩行を得意とします。タヌキの足跡はイヌやネコと同じように4つの肉球が残るのに対して、アライグマは5本の指が残るため、足跡からでも判別できます。

【食性】

　アライグマの食性は好機主義的雑食性と呼ばれ、魚類や両生類、爬虫類、卵、小型哺乳類、動物の死骸、山になる自然果実から農作物まで、目についた物は何でも口にします。タヌキも同様な雑食性ですが、アライグマの食跡は独特で、例えばスイカであれば中身をくりぬいて食べたり、トウモロコシであれば皮を綺麗に剥いて食べるなどの特徴を残します。

【捕獲方法】

　アライグマは夜行性なので銃による捕獲は難しいといえます。わな猟では主に小型箱わなで捕獲できますが、アライグマ専用のくくりわなもあります。アラホールやエッグトラップと呼ばれるこのくくりわなは、筒の中に餌をいれておき、アライグマが手を差し込んだところをバネで挟む仕組みになっています。

● カラス

狩猟鳥獣	
分類	スズメ目 カラス科
和名	ハシブトガラス/ハシボソガラス
学名	Corvus macrorhynchos / corone
英名	Jungle crow/Carrion crow
全長	56 cm /50 cm
翼開長	100 cm
体重	550~750 g
備考：その他の種は非狩猟鳥獣	
生息域：	

非狩猟鳥獣 ハシボソガラス　ミヤマガラス　コクマルガラス　ワタリガラス

ハシブトガラス

【分類】

　国内で見られるカラスは、ハシブトガラス、ハシボソガラス、ミヤマガラス、コクマルガラス、ワタリガラスの大きく5種に分類されます。この中でよく目にするのはハシブトガラスとハシボソガラスで、クチバシの形や鳴き声で判別できます。

【食性】

　町中でゴミを漁っているイメージの強いカラスですが、自然界では昆虫類や小動物、種子や果実などを食べています。種によっても傾向があり、ハシブトガラスは動物食傾向が強く、ハシボソガラスは植物食傾向が強くなります。

【捕獲方法】

　散弾を使用した銃猟で捕獲することも多いですが、民家が近い場所に生息するカラスにはハイパワーエアライフルによる狙撃が有効です。カラスは仲間が死ぬと警戒声をあげながら集まってくる習性があるため、木の影やブラインドに隠れておき、降りてきたところを順々に狙撃していきます。

　カラスの捕獲には特殊な大型箱わなが使われることもあります。これは上面が内側にのみ開くフタになっており、中には餌と"おとり"のカラスを入れておき、「仲間が居るから安心」だと思って入ってきたカラスを閉じ込めます。

● カワウ

狩猟鳥獣
分類：カツオドリ目 ウ科
和名：カワウ
学名：Phalacrocorax carbo
英名：Great Cormorant
全長：80〜101 cm
翼開長：130〜160 cm
体重：1800〜2800 g
備考：同種ウミウは非狩猟鳥
生息域：

非狩猟鳥獣
ウミウ

カワウ

【分類】

　カワウは全長80cmほどの大型水鳥で、国内に生息する鵜（う）の仲間には カワウ、ウミウ、ヒメウ、チシマウガラスの4種に分類されます。カワウ とウミウの見た目がよく似ていますが、カワウは狩猟鳥に対してウミウは 非狩猟鳥です。よって、捕獲するさいは誤ってウミウを撃たないように十 分観察しましょう。

【食性】

　カワウは魚食性の鳥で、潜水して魚を追いかけまわし、長い口ばしで挟 んで飲み込みます。生息する場所は、川や湖などの淡水域や海水が混じる 汽水域、さらに海域までと幅広く、捕食する魚類も多種にわたります。特 に放流したての養殖魚は警戒心が緩く動きも遅いため、格好の獲物になり ます。

【捕獲方法】

　カワウは警戒心が非常に強いので、捕獲するには銃猟が有効です。しか し、カワウの生息地は民家に近い場合が多いため、近年ではハイパワーエ アライフルがよく用いられます。しかしカワウはニホンザルと同様に、無 計画な捕獲は群れを分断させて被害地が拡大する危険性があります。よっ て被害防除には、カワウの生息地となる環境の管理や巣の撤去、さらに、 養殖魚の放流方法の変更など、捕獲によらない対策が第一になります。

● カワラバト

非狩猟鳥獣

分類：ハト目ハト科
和名：カワラバト
学名：Columbidae livia
英名：Rock dove
全長：30〜35 cm
翼開長：53〜60 cm
体重：240〜380 g
備考：同種のキジバトは狩猟鳥
生息域：

狩猟鳥獣
キジバト

カワラバト

【分類】

　カワラバトは全長約30cmの鳥で、「ドバト」や単に「ハト」と呼ばれます。狩猟鳥には同じハト科のキジバトがいますが、茶褐色の羽色や首部に特徴的な縞模様があることなどから判別できます。なお、カワラバトは伝書鳩やレース鳩と見分けが付かないため非狩猟鳥になっています。

【食性】

　カワラバトは植物の種や、木の実、穀類、豆類などの植物食が中心ですが、小型のカタツムリや軟体動物、昆虫なども捕食します。農業に対しては、植えた大豆や小豆、インゲンなどの種子をほじくり返したり、出芽後に小葉をついばんで食害します。

【捕獲方法】

　カワラバトは数羽から百羽以上の群れで行動するため、一羽ずつ捕獲するのは効率的ではありません。そこで、小粒の散弾や、大型箱わな、むそう網などを使って一斉に捕獲を行います。しかし、被害防除のためには他の野鳥と同様に、営巣できる環境の管理や、巣の撤去、追い払いなどが必要です。また、人間が餌を与えると繁殖力が高まって被害が増加するため、エサやりを防止する啓蒙活動も重要な対策だといえます。

● ヒヨドリ

狩猟鳥獣

| 分類：スズメ目 ヒヨドリ科 |
| 和名：ヒヨドリ |
| 学名：Hypsipetes amaurotis |
| 英名：Brown-eared bulbul |
| 全長：27～29 cm |
| 翼開長：40 cm |
| 体重：66～100 g |
| 備考：沖縄のリュウキュウヒヨドリは非狩猟鳥 |
| 生息域： |

【分類】

　ヒヨドリは全長約27cmの小鳥です。もともと10月ごろに日本全国へ飛来し、4月ごろに北国へ帰る漂鳥でしたが、1970年頃から徐々に都市部で繁殖する姿が確認されるようになり、現在では周年みかけることができる留鳥へと習性が変化しています。

【食性】

　ヒヨドリは季節により食性が大きく変わり、初春から初夏にかけてはウメやアンズなどの花の蜜を盛んに採取します。初夏から夏にかけては羽虫や幼虫などの動物性のエサをよく捕るようになり、秋から冬になるとミカンなどの甘いかんきつ類を好んで食べるようになります。

【捕獲方法】

　ヒヨドリは市街地の公園や庭園などで見かけますが、繁殖する場所は深い森林の樹枝上になります。そのため営巣場所の管理が難しく、被害防除対策は農作物をネットなどで覆ったり、捕獲によって追い払う対処が必要です。

　ヒヨドリの捕獲は、木にとまっているところをエアライフルで狙撃します。または、飛翔時に「ピィ！ピィ！」と鳴き声を上げて近づいてくるので、飛んできたヒヨドリを散弾銃で撃ち落とす方法も有効です。

6. 捕獲の報告と引き出し方法

捕獲した野生鳥獣の屠体は鳥獣保護管理法により、その場に放置することが禁止されています。よって食肉などに利用しない場合でも、屠体を猟場から引き出す方法を考えておきましょう。

● 捕獲の報告

有害鳥獣捕獲で捕獲した鳥獣は、市町村に報告します。報告の方法は、例えば屠体に捕獲した日付を油性スプレーで書いて撮影したり、市町村から請け負った確認を代行する業者（個人）にチェックしてもらったり、捕獲した屠体を直接市町村役場に持ち込んだりと、市町村によって手続きの方法が違います。写真を提示する場合は、捕獲者自身や従事者証を写真に収めることを求められたり、エビデンス（証拠）として獲物の尻尾や耳を切って写真と併せて提出を求められたりするケースもあります。

● 有害鳥獣捕獲の報酬

　実施隊の報酬形態は市町村によって異なりますが、一般的には捕獲個体数に応じた成果報酬型になります。報酬金額は農林水産省が定めている鳥獣被害防止総合対策交付金から1頭8,000円以内（鳥獣の種類や成体・幼体によって異なる）が支出されます。また、都道府県や市町村によっては独自に捕獲活動推進支援事業などが行われている場合もあり、1頭当たりの捕獲に報奨金が上乗せされるところもあります。

● 屠体の処分方法

　鳥獣保護管理法により、獲物の屠体は捕獲した場所から持ち出して処分しなければなりません。放置した場合は不法投棄として罰せられる可能性があるので注意しましょう。

　狩猟制度内で捕獲した屠体であれば、一般ゴミとして処分できます。当然、シカやイノシシを丸ごとゴミ袋に入れることはできないので、ある程度解体して黒いゴミ袋などに包み、血や内容物が漏れ出さないように注意して出します。市町村に大型のごみ焼却炉があれば、持ち込んで処分できる場合もあります。有害鳥獣捕獲や指定管理鳥獣捕獲等事業で捕獲した屠体は、捕獲許可証や従事者証に記載された方法で処理します。多くの場合は指定の焼却施設に持ち込むか、指定の場所に埋却します。

　埋却で処分する場合は、野生動物が掘り返せないぐらいの深い穴を掘り、ワイヤーメッシュなどを被せておきましょう。成体のイノシシやシカを埋める穴を掘るのは大変なので、重機を使って掘るか、ある程度バラして埋めましょう。

　屠体を捕獲場所から引き出せない場合も同様に埋却で処分します。しかし、山の中に獲物が入る穴を掘るのは"ほぼ不可能"といえるので、このような引き出せない場所では捕獲しないようにしましょう。例えば、くくりわなを仕掛けるときは事前に道路へのアクセスルートを調査し、獲物を運搬できるか確認しましょう。また銃猟の場合では、谷底などの運搬が難しい場所での捕獲は避けるようにしましょう。

● 屠体を引き出す道具

イノシシやシカを引き出すときは、頭がブラブラして木の根などにひっかかるため、後脚を持って引っ張ります。オスジカを引っ張る場合は角が邪魔になるので、角を握って引っ張ることもあります。

山の中で両手がふさがると移動しずらいので、ワイヤーにロープを取り付けた牽引道具があると便利です。イノシシの場合は牽引道具のワイヤーを上あごの牙に引っかけ、シカの場合は後ろ足で締め付けます。取っ手の部分は肩に担げるようにすると、長い距離を引っ張っても手が痛くなりません。

イノシシやシカの引き出しには、レジャー用のソリを用いる人もいます。ただしソリの上に獲物を置くと、斜面でひっくり返ることが多いので、ゴムバンドなどで軽く固定できるように改造しておきましょう。

また、プラスチックドラム缶を半分に切った半円柱形のソリを使う人もいます。これは通常のソリよりも持ち運びにくいですが、ひっくり返りにくいので獲物を安定して引き出すことができます。

● ウィンチを利用する

獲物が50kg程度までであれ
ば1人の力で引き出すことが
できますが、それ以上大きな
獲物になると人手か道具が必
要になります。重量物を引っ
張る道具には、バッテリーで
動くポータブルウィンチや、手

動の巻き上げハンドルが付いているハンドウィンチ（チルホールやプラロ
ック）、またロープをトラッカーズヒッチという結び方にして引っ張る方法
もあります。

猟場が車とのアクセスが良
い場所であれば、車で引っ張
り出すのも有効です。ただし
車と獲物が一直線でなければ
引き上げられないので、牽引
ロープの方向を変える滑車と、
滑車を木に縛って固定するバ

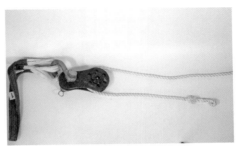

ンド（玉掛け用バンド）をいくつか用意しておきましょう。これらの道具
は一般的なホームセンターに置いていることもありますが、米軍放出品の
ミリタリーショップで探すと、丁度良いのが見つかります。

軽トラで引っ張る場合は、
荷台に骨組み（キャリアフレ
ーム）を取り付けておくと、高
い位置から引っ張ることがで
きます。さらにそのまま屠体
を荷台に引き上げることがで
きるので便利です。

Chapter

3

ジビエビジネス

　捕獲した野生鳥獣を食肉に加工して販売する『ジビエビジネス』は、狩猟ビジネスと「両輪」を築く猟師の生業です。しかし野生鳥獣の肉を流通させるためには、保健所からの営業許可や厳格な衛生・品質管理などが求められているため、簡単に始めることはできません。そこで本章ではジビエビジネスを始めるための要件やポイントなどについて見ていきましょう。

1. 国産ジビエの現状と取り組み

ひと昔前までの国産ジビエは、狩猟で得たイノシシやシカを地元の旅館や飲食店が観光客へ提供する"珍味"という扱いでした。しかし近年では有害鳥獣捕獲や個体数管理で捕獲された野生鳥獣が有効利用されるようになったため、ジビエ市場が広がりつつあります。

● "冬の味覚"であったジビエ

日本人は古来より肉食をしなかったイメージがありますが、実はイノシシやシカ、クマ、キツネ、タヌキなどあらゆる野生鳥獣は、百獣肉と呼ばれて食べられてきました。このような獣肉は滋養があり、特に脚気などのビタミン不足から来る病気をまたたくまに治す効果があったため、「薬食い」と称して庶民に愛されていました。このような野生鳥獣の肉は、日本のみならず世界中で食べられており、特にフランスでは「ジビエ（Gibier）」という名で高級レストランに並ぶほど人気があります。

1章でお話ししたように、狩猟制度における猟期は冬場に限られるため、ジビエは"冬の味覚"とされてきました。しかし近年では有害鳥獣捕獲や個体数管理で野生鳥獣を年中捕獲できるようになったため、ジビエは珍味という扱いから『食肉』として、食品業界の表舞台に出るようになりました。

● 食品として考えた場合のジビエの問題点

　野生鳥獣の捕獲が通年で行われるようになったことで、ジビエ市場は大きく広がると予想されていました。しかし、実際に有害鳥獣捕獲や個体数管理で捕獲された野生鳥獣のうち、食肉に利用されたのはわずか5〜10%程度でしかありませんでした。この理由は主に次の3つへ集約されます。

①衛生管理の問題

　例えば、ブタやウシといった畜産動物は徹底した健康管理が行われており、異常の起きた個体は獣医師により診察・治療を受けます。しかし、イノシシやシカといった野生鳥獣は人間の手により育てられた動物ではないため、個体の中には病気や寄生虫に侵された個体、さらには人間にも感染する危険な人畜共通感染症を患っている個体がいる危険性があります。このようにジビエは衛生管理が難しいため、食肉として市場に出しにくいといった問題があります。

②人材確保の問題

　有害鳥獣捕獲や個体数管理に携わる狩猟者は"捕獲のスペシャリスト"ではありますが、"食肉処理のスペシャリスト"ではありません。よって、狩猟者が解体したジビエには毛や汚れが付いていることも多く、また解体の手順も人によってバラバラだったりします。こうしたジビエは自家消費であれば問題ありませんが、食肉として流通させるには問題があります。よってジビエの生産には狩猟技術とは別に、食肉処理という専門的なスキルが必要となります。

③市場認知度の不足

　例えば、普通の主婦がスーパーの精肉コーナーで牛肉や豚肉と並んだ鹿肉や猪肉を見たとして、あえてジビエを手に取るでしょうか？　もちろんジビエが、牛肉や豚肉よりも圧倒的に安ければ購入するかもしれませんが、それではジビエの生産者に入るお金は微々たるものになってしまいます。このように現状の日本ではジビエの需要が低いため、価格がまったく付きません。よって、狩猟者は食肉処理に時間をかけるよりも、新しい獲物を捕獲して報奨金を得た方が時間当たりの利益が高くなるため、捕獲された野生鳥獣は食肉利用されずに廃棄されてしまいます。

● 国産ジビエの明確な基準の誕生

有害鳥獣捕獲や個体数管理で捕獲した野生鳥獣の食肉利用が低水準である理由には、①食品衛生の問題、②人材育成の問題、③市場認知度不足の問題の3つが考えられます。そこで行政は、このような問題を解決してジビエ市場の拡大を目指すべく、様々な取り組みを行いました。

まず、2014年に厚生労働省は『野生鳥獣肉の衛生管理に関する指針（ガイドライン）』を制定しました。詳しくは後述しますが、このガイドラインが制定されたことで、これまで食品として"あやふやな存在"であった国産ジビエを食品として明確に扱えるようになりました。さらに2016年には、鳥獣被害防止特措法が改定され、有害鳥獣として捕獲された野生鳥獣を食品として利用できることが明記されました。

● 国産ジビエの認証制度

この流れを受けて2018年に農林水産省では『国産ジビエ認証制度』が制定されました。これはジビエ生産者に国が"お墨付き"を与える制度で、この認定を受けた施設で生産されたジビエには、パッケージに認証マークを付けることができます。この認証マークは、安全性や情報の透明性の保証になるため、ジビエのブランド力の向上や消費者の不安感解消、購買意欲促進などに役立てることができます。

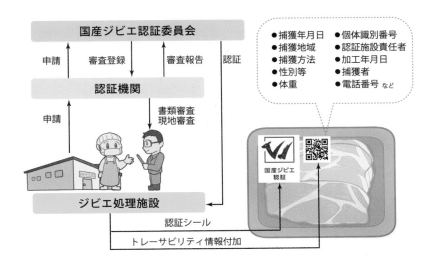

また、農林水産省では鳥獣被害防止総合対策交付金の拡充により、新規に建設するジビエ処理施設の整備や機器の購入、ジビエ処理に関する人材育成、国産ジビエ認証等に必要な経費支援が行われるようになりました。

地方行政もジビエ市場を成長させるために民間団体と連携して、ジビエフェアやシンポジウム、フォーラムなどを行うようになりました。このような取り組みは、テレビやラジオ、ネットニュースなどのメディアに取り上げられることで市場拡大に貢献しています。

● 民間の取り組み

ジビエ市場の拡大を目指す取り組みは民間団体でも行われています。例えば、国産ジビエの普及や市場の成長を目指して組織された『一般社団法人日本ジビエ振興協会』では、株式会社長野トヨタ自動車と共同でジビエカーを開発しました。このジビエカーは、車内に冷蔵設備や解体設備が整っているので、普通車では運搬中に肉質が悪化するような暑い季節でも、屠体を衛生的に食肉へ利用することができます。

このようなジビエ市場の成長を促す取り組みは、様々な地方自治体や企業、NPO法人、金融機関などが後押ししており、これらが呼び水となってジビエビジネスに参入する事業者も増えてきています。

2. ジビエの食肉利用基準

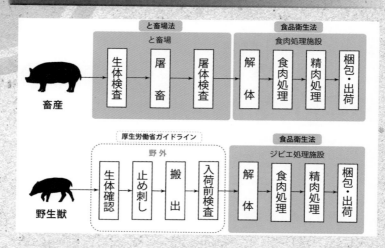

野生鳥獣を食品として流通させるためには、保健所から食肉処理業の許可を受けたジビエ処理施設を作らなければなりません。そこで本節では許可を受ける要件について、詳しく見ていきましょう。

● ジビエに家畜肉と同じ衛生・品質基準を

　家畜（ウシ、ブタ、ヤギ、ヒツジ、ウマの5種）を食肉として処理するためには、と畜場法にもとづいて運営の許可を受けた、と畜場で屠殺を行わなければなりません。と畜場には、獣医師の資格を持ったと畜検査員が生体や屠体の衛生検査を行っており、この検査の結果「食用に不適」とされた場合は、廃棄処分などの判断が行われます。

　対して、イノシシやシカ、クマなどの野生獣は畜産動物ではないため、と畜場を通すことはできません。よって、ジビエを畜産物と同水準の食肉として流通させるためには、と畜場で行われている衛生管理基準と同等の基準を、ジビエを生産する処理施設にも設ける必要があります。そこで、この衛生管理基準の指針として作られたのが、2014年に厚生労働省が作成した「野生鳥獣肉の衛生管理に係る指針（ガイドライン）」です。

● ガイドラインの概要

　このガイドラインには、食肉に利用する野生鳥獣（生体・屠体）の確認事項や、施設受け入れの際の注意点、食肉処理施設の設備に関する指針、食肉処理工程の衛生管理基準などが定められています。この指針を満たすことでジビエは、畜産物と同じように食品として流通させることができます。

　なお、このガイドラインは“法律”ではないため、この指針を守らずに食肉処理を行ったからといって罰を受けるわけではありません。しかし、食肉を販売目的で生産するためには、保健所から食肉処理業の許可を受けなければなりません。そして保健所は原則として、このガイドラインに沿って許可の判断を行うため、結果的にこのガイドラインに従わなくてはジビエビジネスを行うことはできません。

● 保健所の判断は自治体によって異なる

　保健所は、都道府県や政令指定都市、中核市などの自治体ごとに設置されている機関です。よって、北海道の「エゾシカ衛生処理マニュアル」や三重県の「ジビエ品質・衛生管理マニュアル」、大分県の「シシ肉・シカ肉衛生管理マニュアル」のように独自のマニュアルを設けている自治体では、厚生労働省のガイドラインに加えて、これらのマニュアルに従って食肉処理業の許可が行われます。さらに自治体によっては、処理施設の営業登録や、解体技術に関する講習受講などを求められる場合があるので、あらかじめ所轄の保健所に許可要件を確認しておきましょう。

　なお、『食肉処理業の許可』は保健所でも頻繁に扱う案件ではないため、担当者も“よくわかっていない”ケースがあります。よってジビエ処理施設の建設を考えている人は、なにはともあれ、保健所の担当者とよく相談しておきましょう。そのさい、他の自治体で事業許可を受けている処理施設に関する資料を用意しておくと、担当者の理解も早まるはずです。

　また、処理施設を建設する前に、自治体の鳥獣被害担当課や地域住民、猟友会などにも話を通して理解を貰っておきましょう。交渉に入る前に有力者（キーパーソン）へ“根回し”をしておくことも、ビジネスでは非常に重要なテクニックです。

● 食品衛生責任者

食肉処理業の事業許可を受ける
ためには、その施設で働く人の中
から1名を食品衛生責任者に選任
しなければなりません。この食品
衛生責任者はジビエ処理施設に限
った話ではなく、一般的な飲食店
や食品加工施設でも必要とされる共通の決まりです。

食品衛生責任者の資格は、食品衛生責任者養成講習会を受講することで
取得できます。この講習会は各都道府県の食品衛生協会が主催しており、
インターネットなどで受講の予約ができます。講習は午前から午後にかけ
て行われ、衛生法規、公衆衛生学、食品衛生学について講義が行われます。
受講費用は地域によって異なりますが、約1万円で、資格の有効期限や更
新はありません。なお、調理師や栄養士といった資格を持っている人につ
いては、この講習を受けなくても食品衛生責任者になることができます。

● HACCPに沿った衛生管理体制の構築

2019年の食品衛生法改正により、食品を扱うすべての事業者はHACCP
（ハサップ：Hazard Analysis and Critical Control Point）に沿った衛生管理が
義務付けられました。従って、ジビエ処理施設も保健所からの事業許可を
受けるためには、事業がHACCPに沿った衛生管理体制であることを示す必
要があります。

このHACCPは、食品内に潜む危害要因を分析して重要管理ポイントを洗
い出し、継続的に確認・記録・改善を行う食品衛生管理の手法です。なん
だかとても難しそうに聞こえますが、単純に言うと、「食品を作るときに食
中毒や異物混入などのリスクはどこにあるか？」を分析して重要管理ポイ
ントを作り、「その検査と対策、改善策をどうするか？」を衛生管理計画と
いう書面に記し、記録を作って保管する、という話です。よって何か特別
な機器を導入したり、高額なコンサルティングを受けなければならない、
といった話ではありません。

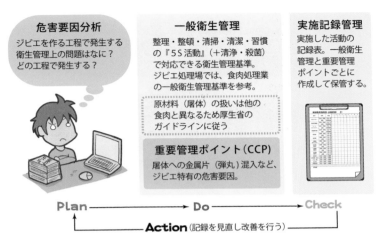

危害要因分析
ジビエを作る工程で発生する衛生管理上の問題はなに？ どの工程で発生する？

一般衛生管理
整理・整頓・清掃・清潔・習慣の『5S活動』（＋清浄・殺菌）で対応できる衛生管理基準。ジビエ処理場では、食肉処理業の一般衛生管理基準を参考。

原材料（屠体）の扱いは他の食肉と異なるため厚生省のガイドラインに従う

重要管理ポイント（CCP）
屠体への金属片（弾丸）混入など、ジビエ特有の危害要因。

実施記録管理
実施した活動の記録表。一般衛生管理と重要管理ポイントごとに作成して保管する。

Plan ———— Do ————→ Check
←————— **Action**（記録を見直し改善を行う）————

HACCPによる衛生管理は施設によって違い、記録の様式も任意です。よって「重要管理ポイントをいくつ作ればよいか？ どのように対策をすれば合格か？」といった基準があるわけではありません。ジビエ処理施設を作る段階では、他の処理施設を見学して、自身の作る処理施設で衛生上の問題が起きそうな工程・場所を予想し、重要管理ポイントとその対策・記録方法を記した衛生管理計画を書面化しておきましょう。

● HACCPの一般衛生管理はガイドラインに従って作成

HACCPの衛生管理計画には上記の重要管理に加え、一般衛生管理の設定も必要となり、①原材料の受け入れ確認、②冷蔵・冷凍庫の温度の確認、③交差汚染・二次汚染の防止、④器具等の洗浄・消毒・殺菌、⑤トレイの洗浄・消毒、⑥従業員の健康管理・衛生的作業着の着用など、⑦衛生的な手洗いの実施、の7項目が指定されています。管理計画や記録の様式は任意ですが、食品衛生協会がフォーマットを作成しているので、それに沿って作成しましょう。

一般衛生管理の中で、②～⑦については一般的な食品加工施設と同じですが、①については原材料が『野生鳥獣』という特殊な物になります。そこで①の管理計画については厚生労働省のガイドラインに定める基準に沿って作らなければなりません。詳しくは後述します。

3. ジビエ処理施設の設計

　ジビエ処理施設の要件は、基本的には家畜の食肉処理場がベースです。しかし、ジビエ処理施設は野生鳥獣という特殊な原材料を扱うため、厚生労働省のガイドラインに定める衛生基準を盛り込んで設計しなければなりません。

● まずは事業計画をよく練っておくこと

　2016年度における国内のジビエ処理施設は全国に約552カ所あり、そのうち477カ所は民設民営、48カ所は公設民営、27カ所は公設公営施設となっています。さらに552カ所の施設のうち、78％は個人で運営する小規模事業で、19.2％は従業員を数名雇って運営する中規模事業、1.4％は年間に1000頭以上の処理を行う大規模事業となっています。また、施設によってはシカかイノシシのどちらかのみを受け入れていたり、イノシシ・シカ以外の野生鳥獣も受け入れていたりと、商品として扱うジビエの種類にも違いがあります。

　そこでジビエ処理施設を建設する前に、例えば、入荷できそうな屠体の頭数や1年間で処理できそうな頭数、取り扱うジビエの種類はどうするか、解体処理に従事する人材をどう確保するか、販売先はどうするか、などの事業計画をよく練り、事業規模や運営方針を明確にしておきましょう。

● 野生鳥獣という特殊性を考慮すること

ジビエ業界における金融情勢は、自治体や日本政策金融公庫、地銀が行う地方創生支援の充実などで、資金が借りやすい状況になっています。しかし、あなたが何か特別なビジネスモデルを持っているわけではないのであれば、ジビエビジネスは限りなく小資本・小規模で始めるべきです。

例えば畜産業におけるブタやウシは人間がコントロールできる資源なので、『伝染病で家畜が全滅した』といったトラブルでもない限り、定期的に食肉を生産し続けることができます。しかし、ジビエビジネスの資源は『野生鳥獣』という人間がコントロールできない存在です。よって、ある年から急に野生鳥獣の数が減り、ジビエを生産できなくなるリスクがあります。

このように、ジビエビジネスは『資源をコントロールできない』という宿命的な欠点を持っています。よって、このような問題に直面したときに多額の借り入れをしていたとしたら、自身の財産を切り崩して返済にあてたり、最悪の場合は倒産します。対して、借り入れがほとんど無ければ、野生鳥獣の数が回復するまで長期休業をするなどの対策がスムーズに打てます。

個人で運営するジビエ処理施設の多くは、家の敷地内にあった小屋を改造して作ったり、建屋をDIYで作ったりと、なるべくお金をかけない工夫をしています。もちろん、お金をかけなかった結果、保健所から営業許可をもらえなかったら元も子もありませんが、『衛生的な施設を建設・運営すること』と、『高価な建材や機器を導入すること』はイコールではありません。そこで本節では、ジビエ処理施設の要件を詳しく解説をしていきますが、それと併せてコストカットの事例もご紹介しますので、参考にしてください。

● 処理施設は建物であること

　まず、前提としてジビエ処理施設は、天井と壁、床の付いた建物である必要があります。よって庭先やカーポート、東屋のような場所を処理施設にすることはできません。また食品を扱う施設なので、建屋はネズミや害虫の進入を防ぐ構造である必要があります。例えば、壁や床などに穴や亀裂が無いこと（修繕されていること）、ドアやシャッターが確実に閉まること、施設内外、排水溝などが掃除しやすい造りであること、地面がデコボコしていないこと、などが求められます。

● 部屋は汚染区と清潔区で隔離する

参考見取り図

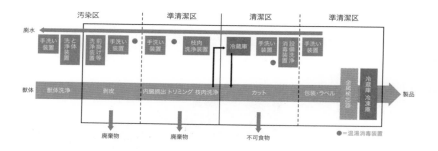

　建屋は、屠体の体液や泥が飛散する可能性がある汚染区と、そのリスクが低い清潔区に分け、このエリア同士は壁や扉で隔離しなければなりません。また、この2つの区画をまたいで移動することも禁止です。汚染区から清浄区に移動する場合は、履物や着用していた手袋、前掛けなどを外して手洗い殺菌を行い、清潔区専用の着衣に着替えて入室します。

　なお、より細かく区角決め（ゾーニング）を行う場合は、汚染区と清潔区の間に"準清潔区"を設けます。屠体の受け入れ、洗浄、剥皮は汚染区で行い、内臓摘出や枝肉の洗浄は準清潔区、カッティングなどの食肉処理は清潔区で行うようにします。

● 壁と床の防水加工

水を使う施設内の施工例

扉（できれば自閉式）
防水性素材
約1m
排水目皿
R巾木（あーるはばき）
グレーチング
床勾配 1/50 ～ 1/75
排水
必要に応じてオイルトラップへ

　解体室や食肉処理室などの水を使用するエリアは、床面から1mの高さまでの壁を防水の素材で作る必要があります。防水素材は打ちっぱなしのコンクリートに撥水剤塗布でもよいですが、できれば食品工場や厨房などで広く利用されている水系硬質ウレタン塗材で加工することをオススメします。ただし、この塗装剤は1㎡あたり1万円ほどかかります。そこでコストを抑えた処理施設では、一般的な内装建材の上に防水ボードを張っているところもあります。

　床面も同様に防水性のある素材で作ります。水掃除がしやすいようにグレーチングとトラップを付けた排水路を付け、床勾配を設けて床に水たまりができないようにしましょう。また壁と床の境界はR巾木を取り付けて、部屋の隅にゴミが溜まらないようにしましょう。

● 室内の照明

　食肉処理施設では作業スペースに100ルクス以上の照度（光源に照らされた面の明るさ）が必要です。しかしジビエ処理施設では、泥や毛などが付くリスクが高いため、できれば350ルクス以上の照度を確保しましょう。天井照明で作業エリアの照度が足りない場合は、スポットライトやスタンドライトを活用しましょう。

● 給水設備と給湯設備

　建屋には水道を引く必要があります。水道は原則として上水道が望ましいですが、自家水道（井戸）でも許可されます。ただし、自家水道を引く場合は検査機関で水質検査を受けておく必要があります。

　また、作業を行う各部屋には原則として、流水式の手洗い設備を設けなければなりません。手洗い設備には、液体せっけん、ペーパータオル、ゴミ箱を設置しましょう。ハンドルを回すタイプの水栓は、汚れた手でハンドルに触ってしまうため、センサー式水栓や足踏み式水栓、自閉式水栓などを利用しましょう。

　建屋には、屠体の解体や食肉加工などの作業で使用した器具を洗浄・消毒するための温湯供給設備が必要になります。食中毒を起こす細菌を死滅させるためには83℃以上のお湯が必要になりますが、一般的な家庭用給湯器は75℃程度なので温度が足りません。そこで、飲食店の厨房などで利用される湯沸器を利用しましょう。湯沸器を部屋ごとに揃えるのがコスト的に難しい場合は、電気ポットを複数用意しておきましょう。

● 排水設備

　ジビエ処理施設から出た廃水は事業排水になります。排水基準は自治体の施行令や条例などで違うため、所轄の保健所に確認をとっておきましょう。1日の処理頭数が大量でなければ水質汚濁防止法で定められた排水基準をクリアできるので、公共用水域に排出できるはずです。下水が通っていないエリアであれば、排水を浄化槽につなげます。処理施設が自宅敷地内にあり、1日の処理頭数が数頭程度であれば、排水を家庭用の合併処理浄化槽に繋いでも大丈夫なはずです。施設が単独である場合や、1日の処理頭数が多い場合は、独自の浄化槽を設ける必要があります。

● トラックバース

トラックバースは、車両
に積まれてきた屠体をジビ
エ処理施設に荷受けするた
めの場所です。車が入って
きやすいように地面はコン
クリートで舗装し、荷台か
ら屠体を下ろしやすいよう

に懸吊するクレーンを設置しておくとよいでしょう。

トラックバースでは屠体の洗浄を行います。屠体には泥や血が付着して
いるので、散水用のノズルヘッドが付いたホース、できれば高圧洗浄機を
用意しておきましょう。

野生獣の体表には汚れだけでなく、マダニなどの寄生虫も付着していま
す。そこで75℃程度のお湯をかけながら体表を削り、毛と一緒に寄生虫を
除去する『湯剥き』を行うところもあります。お湯の温度は低すぎると毛穴
が開かず、逆に高すぎると毛穴が煮えてうまく湯剥きできません。よって給
湯器は温度が一定で十分な水量を確保できる物を準備しておきましょう。

● 廃棄物処理

解体処理で出た内臓や皮、骨、肉片などは、血や内容物が漏れ出さない
ように袋に入れて口を縛り、廃棄物ボックスに入れておきましょう。この
廃棄物ボックスは蓋を閉められる構造の物を使い、ネズミやカラス、害虫
などが入らないようにしましょう。

処理施設から出たゴミは産業廃棄物となるため、一般ゴミに出すことが
できません。原則として産業廃棄物処理業者に処理を委託しますが、自治
体によってはこのような廃棄物を取り扱ってくれない所もあります。その
場合は自治体と相談して、埋却や焼却などの処分方法を検討してください。
自治体によっては屠体や残滓を肥料に加工する減容化処理施設に持ち込め
るところもあります。

● 懸吊器具

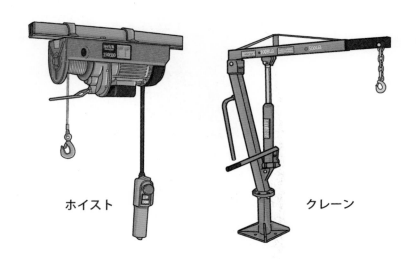

ホイスト　　　　　　　　　　　クレーン

　施設内には屠体を吊り上げるホイストやクレーンがあると便利です。こ
れらの懸吊器具は必須ではありませんが、屠体の皮剥ぎや内臓出しなどは
吊り下げた状態で行った方が効率が良く、また、皮を剥いだあとの枝肉が
地面などに接触しないため衛生的です。

　ホイスト（巻き上げ機）は天井などの高いところに固定し、リモコンで
フックを昇降して重量物を持ち上げる機器です。イノシシの重さは最大で
100kgを超えることもあるので、200kgの巻き上げ能力を持つ電動ホイスト
を選びましょう。電動ホイストは5万円から10万円ほどしますが、手動式の
ホイスト（チェーンブロック）なら1万円程度で購入できます。

　クレーンは電動ホイストやチェーンブロックで持ち上げた重量物を水平
移動させる機器です。トラックバースから荷受けした屠体を吊り上げて下
ろしたり、解体室のホイストから冷蔵室のハンガーへ荷渡し（トラバース）
するのに役立ちます。クレーンには建屋の天井にレールを取り付けて、そ
の上をホイストが移動できるようにしたホイスト式クレーンもあります。

　懸吊器具を利用しない場合は、屠体や解体した枝肉が地面などに触れな
いように、清潔な移動式作業台を用意しておきましょう。

● 冷蔵・冷凍設備

　施設内には、剥皮と内臓摘出を行った枝肉の一時保管冷蔵設備と、精肉処理した商品を冷凍する設備を用意しておきましょう。

　枝肉の冷蔵保管は、地面に置いて保存すると接地面に水分が溜まって食中毒菌の繁殖や、生臭くなる原因になります。そこで枝肉を吊るして保存ができるように大型の冷蔵設備、例えばプレハブ冷蔵庫がよく利用されています。

　処理頭数がそれほど多くない施設の場合は、ストッカー型の冷蔵・冷凍庫がよく使われています。ただし枝肉を冷蔵するさいは、接地面に吸水シートを敷くなどの水切り対策を考えておきましょう。

● 処理施設が居住する建物内にある場合

　既存のジビエ処理施設の中には、古民家を改造して作られたところもあります。この方法ならば基礎工事が必要ないので、DIYによって施設を作ることも可能です。ただし物件によっては再建築が不可であったり、食肉処理施設を作るのに許可が必要だったりするので、あらかじめ市町村の都市計画課などに建設の要件を確認しておきましょう。

　なお、原則として解体施設にする建屋に人が住むことはできません。しかし、居住スペースと処理施設のスペースを板張りなどで完全に隔離した状態であれば、許可が下りるケースもあります。

● 施設例1. ジビエ解体施設ちづDeer's

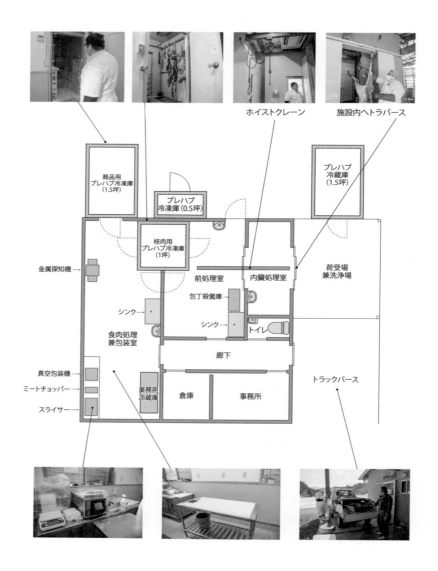

ホイストクレーン

施設内へトラバース

商品用
プレハブ冷凍庫
(1.5坪)

プレハブ
冷凍庫(0.5坪)

プレハブ
冷蔵庫
(1.5坪)

枝肉用
プレハブ冷凍庫
(1坪)

金属探知機

前処理室

内臓処理室

荷受場
兼洗浄場

包丁殺菌庫

シンク

シンク

トイレ

食肉処理
兼包装室

廊下

真空包装機

ミートチョッパー

スライサー

業務用
冷蔵庫

倉庫

事務所

トラックバース

● 施設例2. 奥日田獣肉店

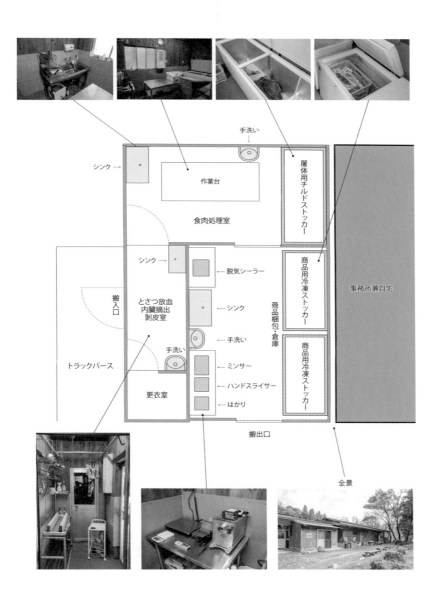

手洗い

シンク →

作業台

食肉処理室

屠体用チルドストッカー

事務所兼自宅

シンク →

脱気シーラー

搬入口

とさつ放血
内臓摘出
剥皮室

シンク

手洗い

商品用冷凍ストッカー

商品梱包・倉庫

トラックバース

手洗い

ミンサー

更衣室

ハンドスライサー

はかり

商品用冷凍ストッカー

搬出口

全景

4. 食肉解体処理に必要な器具類

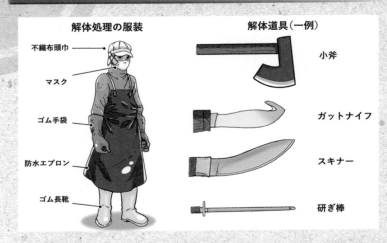

解体処理の服装

不織布頭巾
マスク
ゴム手袋
防水エプロン
ゴム長靴

解体道具（一例）

小斧
ガットナイフ
スキナー
研ぎ棒

ジビエ処理施設では食肉処理施設と同様に、様々な器具を使用します。どのような器具をそろえるかは施設の規模や初期投資によって違いますが、本節ではその一例をご紹介します。

● 解体に使用する刃物類

　屠体の皮剥ぎ、内臓摘出といった解体工程では、複数の刃物を使い分けます。まず、屠体の腹を裂くときは、刃先で腸や胃を傷つけてしまうと内容物が噴き出してしまうため、カギ刃の付いたガッドナイフが、よく使用されています。このナイフは腹に切れ込みを入れたところにカギを差し込んで引くと、腹の皮を服のジッパーのように開けることができます。

　内臓摘出で胸骨と恥骨といった軟骨を切断するときは、小型のナタが使われます。軟骨はノコギリやクリッパーでも切れますが、刃に付いた脂が洗浄しにくいため、ナタで叩き割った方が楽です。

　皮を剥ぐときは、スキナーと呼ばれる刃幅の広いナイフを利用します。このナイフは切っ先が緩やかなカーブになっているので、皮を突き破りにくいといった特徴があります。また、ブタのと畜場では皮剥ぎに、圧縮空気

で刃が回転するエアーナイフ（動力付き剥皮ナイフ）と呼ばれる道具が使われることもあります。

　皮剥ぎをしているとナイフに脂質が付着して作業性が悪くなります。そこでナイフは都度熱湯にくぐらせて、頻繁に脂質を洗い落としましょう。食肉処理場では研ぎ棒（シャープナー）と呼ばれる道具が使われます。研ぎ棒に刃を軽く当てて数回擦ると脂が取れて刃先が揃うので、作業効率が良くなります。

● 解体時の服装

　解体作業では、長袖、長ズボンに撥水性の前掛け、長靴、不織布の頭巾、マスクを着用します。野生鳥獣には重症熱性血小板減少症候群（SFTS）などを媒介するマダニが付着しているため、体に入り込まないように服の袖や裾はしっかりと閉めておきましょう。また、マダニが体に付着していることがわかりやすいように、着用する物はなるべく明るい色の物を選びましょう。

　手には使い捨てのナイロン製手袋を着用します。野生鳥獣の体液には、触れただけでも感染する野兎病などの感染症を持つ危険性があるので、軍手などの浸透性のある繊維製手袋は避けましょう。

● 刃物類を保管する紫外線殺菌庫

　解体に使用した刃物や器具類は、1頭処理するごとに83℃以上のお湯で消毒しましょう。また、保管はできるだけ紫外線殺菌庫を利用し、食中毒菌が増殖するリスクを抑えましょう。

　なお、刃物類は屠体解体に使用する物と食肉処理に使用する物は分けるようにします。殺菌庫も分けて別々に保管しましょう。

3
ジビエビジネス

● 金属検出器

スラグ弾やライフル弾といった弾丸は、獲物に命中すると潰れて体内に残ったり、一部が割れて破片（フラグ）になる場合があります。そこで銃猟で捕獲された屠体は商品として出荷す

る前に、金属検出器に通して弾が混入していないことを確かめましょう。

食品用の金属検出器はかなり高額ですが、農林水産省の鳥獣被害防止総合対策交付金を利用して購入できる可能性があります。また、どうしても購入できないのであれば、空港などで利用されているハンディ金属探知機でも検出できます。ただし、代替品を利用する場合はテストピースを使用して、どの程度の検出精度が出せるか、あらかじめ確認をしておきましょう。

なお、わな猟で捕獲した個体であっても、過去に銃撃を受けて弾が体内に残っている可能性があります。よって、金属検出器は全ての個体に使用しましょう。

● 精肉機器

枝肉から骨を外して部分肉にする脱骨作業には、刃先が細く精密な作業ができるケーパー型のナイフ（さばきナイフ、骨すきナイフ、ボーニングなど）が便利です。また、部分肉からスジや余分な部位を取り除く作

業には、筋引きナイフやトリミングナイフが利用されます。

　精肉に使用する器具は、スライスのような細切りの状態にするのであれ
ばミートスライサー、挽肉を作るのであればミンサーを用意しましょう。こ
れらの器具は精肉店で使用されるものなので、中古品がわりと安く出回っ
ています。しかし、本格的な業務用は『三相200V』電源の物が多く、安価
な単相100V仕様はパワー不足で上手く精肉できない場合もあります。

　もし、処理頭数がそれほ
ど多くないのであれば、手
動式のミートスライサーや
手回しミンサーの方が扱い
やすかったりします。電動
式の器具は使用後の清掃が
面倒ですが、手動式なら器
具をまるごと洗浄できます。

● 包装機器

　食品を空気に触れた状態
で冷凍すると、空気中に含
まれる酸素によって脂肪が
酸化して食味が悪くなった
り、水分が抜けてパサパサ
になります。このような『冷
凍焼けを』防ぐために、冷
凍保存する食肉は真空包装機を使ってパックしましょう。

　チャンバー内の空気を真空ポンプを使って吸い出す真空包装機は比較的
高額な商品ですが、袋の中の空気を掃除機のように吸い取る脱気シーラー
なら安価に手に入ります。ただし、脱気シーラーは使用する袋がメーカー
の専用品でないと使えない場合が多いため、ランニングコストも考えて選
びましょう。

3
ジビエビジネス

5. 屠体の受け入れとチェック体制

本章2節でお話したように、一般衛生管理における①原材料の受け入れ確認では、厚生労働省の定めたガイドラインの内容に従って受け入れ屠体の確認と、その記録が必要になります。

● 猟師は獣医師と同じ診断力が必要

　厚生労働省のガイドラインより、捕獲した屠体をジビエ処理施設に搬入しようとする狩猟者は、①狩猟者の氏名・免許番号、②狩猟者の健康状態、③狩猟した日時・場所・天候、④狩猟方法、⑤銃猟の場合は被弾部位、わな猟の場合は、かかった部位や止め刺しの方法、⑥推定年齢と性別・体重、⑦放血の有無、⑧内臓摘出の有無、⑨運搬時の冷却の有無、⑩放血後から搬入にかかった時間、⑪右ページの表の異常確認、をチェックリストにして、処理施設の担当者に提出します。

　なお、右表の異常が確認された個体は食肉として利用できません。また、例えば、わなにかかった獲物がすでに死亡していたり、銃やわなの止め刺し以外の方法で死んでいたり、原因不明で斃死していた個体も利用できません。さらに、野生鳥獣に家畜伝染病が蔓延している地域で捕獲された個体も利用不可とされています。

確認項目	不可の理由
捕獲直前（生体）の状態で、追いかけても逃げなかったり、起立ができない、歩き方がフラフラしている、などの神経症状とおもわれる異常な挙動がある。	トキソプラズマ病、日本脳炎、狂犬病、ブルセラ病、野兎病などの人畜共通感染症。または豚熱などの家畜伝染病、硝酸塩などの化学物質による中毒の可能性がある。
発射した銃弾が腹部に命中している。	消化器官に生息する病原性大腸菌などが運搬する車両や解体器具に付着し、二次感染のリスクがあるため。
顔面などに腫瘍や奇形がある。	家畜伝染病に感染、または悪性腫瘍（ガン）が全身に転移している可能性があり、食用に不向き。
ダニ類などの外部寄生虫が著しく、脱毛が激しい。また極度に痩せている。	感染症や悪性腫瘍のリスクが高く、食用に不向き。
大きな外傷や化膿部位、皮膚の炎症、かさぶたなどの異常がみられる	伝染性膿疱性皮膚炎や豚丹毒菌などの可能性がある。
皮下に膿を含むできものが多くの部位で見られる	体内に大きな膿瘍がある可能性が高く、悪臭のある膿汁が出るため。
口の中や乳房、ひづめなどに水膨れやただれが多く見られる	豚水胞病や口蹄疫などの家畜伝染病のリスクがあるため。
下痢が見られ尻付近が著しく汚れている。また肛門や鼻孔から捕獲とは関係のない出血がある。	人獣共通感染症の炭疽、またはサルモネラ症やボツリヌス症など食中毒菌の感染リスクが高い。
放血後に足の付け根に触れてみて、体温が異常に高いように感じる。	イノシシの平均体温は38℃、シカは40℃。それ以上高く感じた場合は、感染症の危険性が高い。

　処理施設に受け入れる屠体は、処理場側で個体識別番号を付けます。番号の付け方は任意ですが、これまで処理した屠体と被らないように付けるようにします。個体識別番号は、その屠体の肉を使った商品すべてに記載し、何か問題が発生した場合のトレーサビリティ（追跡）情報として扱います。

● 内臓の検査

　摘出した内臓は以下の項目を確認します。その結果、病変が見られた場合は食肉利用はせずに全廃棄します。なお、病変が内臓の一部であったり、病巣がごく一部の場合は、筋肉のみ食肉として利用できる可能性があります。ただしこの場合は、筋肉の臭いなどをよく確認し、少しでも不安があるなら廃棄を検討しましょう。具体的な病変の様子については、厚生労働省のHPにカラー写真付きの冊子（カラーアトラス）が掲載されているので参考にしてください。

内臓の確認ポイント	考えられる病症
心臓を切開し左右の弁を見たとき、イボや白斑などがある	無鉤条虫と呼ばれる寄生虫に感染している可能性が高く、筋肉にも寄生する。心臓の病変はリスクが高いため、原則として屠体を全廃棄する。
リンパ節が異様に大きかったり、赤く腫れていたり、膿んでいたりする。	人畜感染症の野兎病の危険性がある。体液に触れただけで感染するリスクがあるので枝肉の取り扱いも注意する。野兎病でなくてもリンパ節の異常は、感染症が全身に及んでいるリスクが高いため、原則として全廃棄する。
肝臓や肺の中に白い結節が見られる。	寄生虫が全身の筋肉に転移している可能性が高い。
肝臓や肺などに寄生虫が見られる。	肝蛭などの人に寄生する可能性のある寄生虫のリスクがある。
腎臓を割った断面に、黒色をしたのう胞や出血、白色をした病巣が見られる。	悪性カタル熱や豚皮膚炎腎症症候群などに感染している可能性がある。
胸腔内や腹腔内に液体が溜まっている。	ASF（アフリカ豚熱）や浮腫病などの家畜伝染病を持っているリスクがある。
全身の関節に腫れがある。	豚レンサ球菌や豚丹毒菌などの感染症が全身に広がっているリスクがある。

● 枝肉の確認

受け入れ確認と内臓の確認が問題なければ、筋肉部位に重大な感染症等のリスクは低いと考えられます。しかし、筋肉に下記のような異変が見られる場合は全廃棄、または一部廃棄を検討してください。

内臓の確認ポイント	考えられる病症
筋肉や脂肪が水っぽくてブヨブヨしている	ふけ肉、むれ肉、PSE肉などと呼ばれる肉質。捕獲時に強いストレスを受けた場合などにみられる。食べても害は無いが、見た目や食味に影響があるため廃棄する。
筋肉が赤くにじんでいる	脱臼や打ち身などのケガを負っている可能性がある。食味に影響がでるので、その部位は食肉に利用しない。
筋肉が一部盛り上がっていたり、固くなっている所（腫瘤）がある。	ケガや病気の跡（しこり）だが、筋肉に出来る悪性腫瘍の可能性もある。肉眼では判別できないので廃棄する。

● 生体搬入時の注意

処理施設によっては、捕獲した獲物を生け捕りにして持ち込む生体搬入を行っているところもあります。この生体搬入は、運搬中に屠体が痛む心配が少なく、また、生体の異常を判断しやすいため、衛生的な方法と考えられます。

しかし、生体搬入は止め刺し時に悲鳴が出るため、近隣住民に不快感を与える危険性があります。場合によっては『迷惑施設（NIMBY）』と見なされる可能性もあるため、事前に地域住民などに理解を取っておきましょう。

なお、生体搬入をしない場合でも、動物の屠体は人によって嫌悪感を持ちます。よって、運搬時や処理施設に搬入するさいは屠体に覆いをかけるなどの配慮を忘れないようにしましょう。

3

ジビエビジネス

6. 解体の流れ

ウシやブタなどの家畜の解体方法は、国によって違いはありますが、日本国内で生産されるものには共通したルール（枝肉取引規格）があり、商品として取引される肉のカッティングにもルール（部分肉取引規格）があります。しかし野生鳥獣にはこのようなルールは無いため、解体方法やカッティングはジビエ処理施設によって異なります。

● 解体の流れ

　野生鳥獣の解体方法も、理想的には家畜と同じように共通したルールのもと行われるのが望ましいといえます。しかし、ジビエ処理施設は設備が整った大規模施設がある一方で、自宅敷地内にあった小屋を改造した小規模な所もあるため、一概に同じ規格の商品を作るのは難しいといえます。そこで本節では、解体方法と部分肉のカッティングについて、その一例をご紹介します。

　なお、国産ジビエ認証制度では、解体方法と部分肉の規格が決められています。よって認証を受けようと思う処理施設は、屠体の解体、部分肉のカッティングを、指定された方法で行いましょう。詳しくは日本ジビエ振興協会のホームページ等をご確認ください。

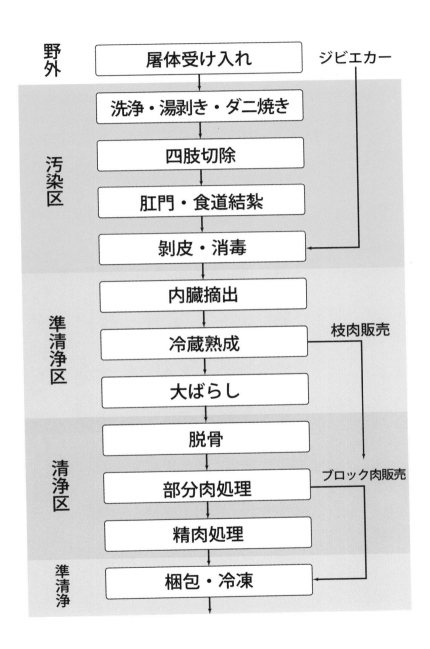

● 屠体の搬入時間と野外での内臓摘出

　処理施設に持ち込むまでの時間は、短ければ短いほど衛生的なリスクや品質の劣化は小さくなるので、1〜2時間を目安に持ち込むのが望ましいといえます。もし、気温が高い時期や、2時間を超えてしまう場合は、ジビエカーの利用や、屠体を氷で冷やすことができるケースに入れるなどの工夫をしましょう。

　内臓の摘出は原則として施設内に限られ、野外で摘出された屠体は食用利用できません。しかし"衛生上やむをえない理由"がある場合は、厚生労働省のガイドラインに沿った指針で野外摘出が可能です。ただし、摘出した内臓は、胃と腸以外はすべて処理施設に搬入して確認を受けます。

● 屠体の洗浄

　搬入した屠体はトラックバースで、表面に付着している汚れをデッキブラシなどでよく擦りながら洗い流しましょう。このとき、止め刺しをしたところの傷か

ら汚水が侵入しないように、後脚を吊り上げるなどの工夫をしましょう。なお、レジャーハンティングでは屠体を川や池に沈めて冷やしながら洗浄することもありますが、川の水などには細菌が多く生息しているため、衛生的ではありません。必ず飲用可能な水で屠体を洗浄しましょう。

　湯剥きをする場合は73℃以上のお湯をかけながら毛穴が開くのを待ち、草刈り鎌で皮膚を削るようにして毛を除去します。あまり同じところにお湯をかけ続けると肉質が劣化するので、手早く処理しましょう。

　洗浄が終わったら、四肢の先を関節から切って取り外します。この部位は食用にできないことはないですが、基本的には廃棄します。

● 消化器系の結索

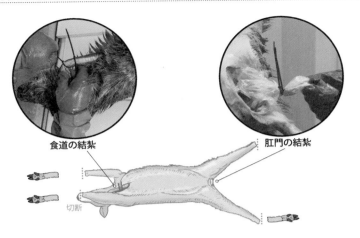

食道の結紮　　　　　　　　　　　　肛門の結紮

切断

　解体中に屠体の胃や腸から内容物が出てこないように、食道と肛門を結紮します。まず、施設搬入前に屠体の止め刺し傷から喉の方に向けて切開して食道を探します。食道は気道と癒着しているので、一緒に大型の結束バンドなどで締め付けます。

　次に肛門の周りを丸く切り取ります。指に結束バンドと小袋を持った状態で肛門を握り、引っ張って直腸を出します。このまま肛門に小袋を裏返して被せ、結束バンドを締めて結紮します。食道と肛門を結紮したら施設内に移動します。

● 解体の流れ

　屠体の脛骨のあたりの皮を剥ぎ、腓骨と腱の間に懸吊フック（解体ハンガー）を引っかけて吊り上げます。この状態でガットナイフを止め刺しの傷口に当てて、内臓を傷つけないように注意しながら腹の皮を切開します。股の付け根付近には尿道が通っているので、避けるようにしてモモの付け根に向けて左右に切開します。次に止め刺しの傷口から前脚に向けて切れ込みを入れて、上（吊っている後脚）から下（頭の付け根）に向けて皮を剥ぎます。このとき剥いだ皮が内側に丸まって肉に毛が付着しないように注意しながら作業しましょう。

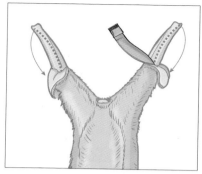

スネまで皮を剥ぎ、腓骨と腱をむき出しにする。

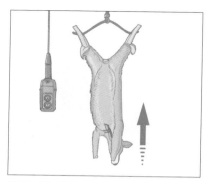

腓骨と腱の間にフックを引っかけて吊り上げる。

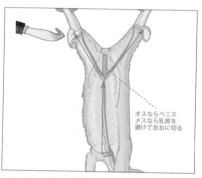

オスならペニス
メスなら乳房を
避けて左右に切る

切開した首から後ろ足にかけて皮を切る。

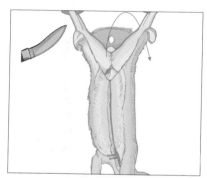

臀部周辺の皮を剥ぐ。

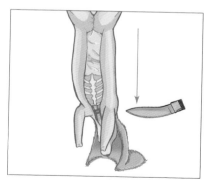

上（後ろ足）から下（頭）に向けて皮を剥ぐ。

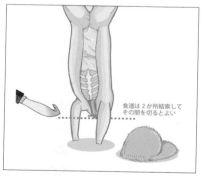

食道は2か所結索して
その間を切るとよい

食道と頸椎を切断して、頭と皮を落とす。

● 内臓の摘出

　剥皮作業が終わったら、次に股関節と胸骨を割って内臓をむき出しにします。屠体の下に内臓の受け皿となる容器を準備したら、結紮した肛門を持った状態で手を屠体の寛骨^{かんこつ}の中に入れて、内臓が入った腹膜を剥がしていきます。人間でいう「みぞおち」の付近は、内臓と腹腔内が横隔膜で繋がっているので、ナイフで切り取りながら内臓を落としていきます。上手くいけば肛門から食道まで、途切れることなく摘出できます。

　湯剥きをする場合は毛が除去されているので、皮を剥がずに内臓を出します。皮は精肉の段階で剥ぎ取られますが、皮付きの状態で販売されることもあります。

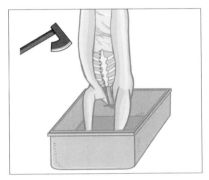

胸骨のつなぎ目を割る。

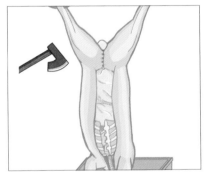

恥骨の関節部分を割る。

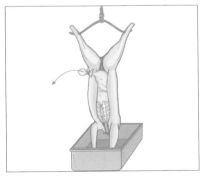

内臓の癒着や横隔膜を切り剥がしながら内臓を引っ張り出す。

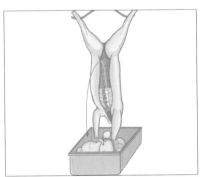

内臓をすべて摘出する。

● 洗浄

　内臓を処理したら流水で腹内の血を洗い流しましょう。肉に泥などが付いている場合は、汚れが付いている部分を肉ごと切り取るトリミングを行います。毛が付いている場合はピンセットで挟んで除去してください。毛や汚れを水で流すと、別の場所に汚れが飛散してしまうので逆効果です。

　洗浄後は、200ppm（原液6%の場合は60,000ppm÷200ppm＝300倍）に希釈した次亜塩素酸ナトリウム水溶液を枝肉上部から散布して消毒をします。次亜塩素酸ナトリウムは一般的な食品添加物として強い殺菌作用がありますが、光によって劣化するので、必ず使用期限を守りましょう。また金属に触れると腐食するため、懸吊に使った器具は都度綺麗に洗浄してください。

● 背割りと熟成

　水気を切った屠体は背骨から2つに切り、枝肉の状態にします。処理施設によってはこの枝肉や、枝肉を配送しやすく分割した状態で販売している所もあります。

　この背割りを行った枝肉は、0℃から5℃ほどの冷蔵エリアで保管・熟成させます。熟成期間は個体の大きさなどで変わりますが、イノシシで4日程度、シカは10日程度が丁度良いとされています。

　背割りを行わない状態で保管する場合は、熟成中に腹腔内部に水分が浮き出てきます。このような水分は腐敗の原因になりやすいので、都度確認して拭き取りましょう。ストッカーなどで冷蔵する場合は、接地面にミートペーパーを敷くなどして、水分を除去できるようにしましょう。また肉同士が触れ合うとその部分に水が溜まるので注意してください。

　ここまで作業が終わったら、いったん作業場を掃除しましょう。引き続き精肉処理がある場合でも、まずは汚染の危険性を取り除く作業が最優先です。

● カッティング

　熟成が完了した枝肉は、解体室（清潔エリア）で食肉加工を行います。食肉加工の方法（カッティング）は、イノシシ・シカによって異なり、また処理場によっても違いがあります。都道府県のジビエに関するガイドラインやマニュアルにカッティングが載っている場合は、その内容に従って行いましょう。

　イノシシの場合は多くの処理場で、豚肉の規格と同じようなカッティングが行われます。まず、後脚からモモ、前脚からカタ、胴体からロースとバラ、ヒレの5種類の部分肉に切り出し、さらにカタを『肩ロースとウデ』、モモを『内モモ、外モモ、シンタマ』に分割します。

　シカの場合はブタのような共通した規格が無いため、加工方法や肉の呼び名が場所によって大きく違います。一般的には、後脚は『内モモ、外モモ、シンタマ、後スネ』。前脚は『カタと前スネ』。胴体は『背ロース、クビ、バラ、ヒレ』の部分肉に分けられます。なお、カタはもっと細かく『トウガラシ、ミスジ、ウデ』に分けられ、内モモは『オオモモ、コモモ、ウチモモカブリ』、外モモは『ハバキ、シキンボ（ヒレモドキ）、ランイチ（ランプ・イチボ）』、シンタマは『シンシン、トモサンカク、カメノコ』に分割できます。どこまで分けるかは処理施設によって異なりますが、あまり細かく分けると解体に手間がかかってコストが上がるうえ、商品数が増えて管理が面倒くさくなります。以下はイノシシとシカのカットチャートの一例なのでご参考ください。

3
ジビエビジネス

● イノシシのカットチャート

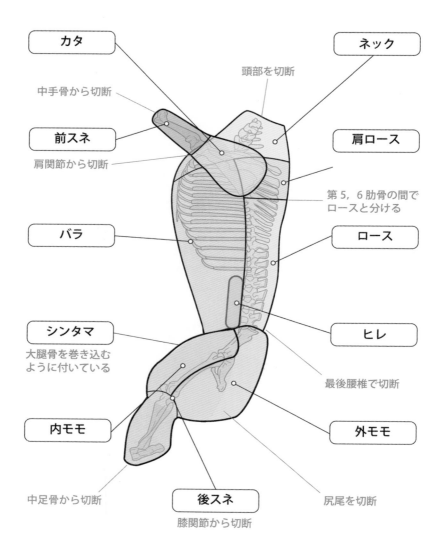

カタ

ネック

中手骨から切断

頭部を切断

前スネ

肩ロース

肩関節から切断

第5，6肋骨の間で
ロースと分ける

バラ

ロース

シンタマ

ヒレ

大腿骨を巻き込む
ように付いている

最後腰椎で切断

内モモ

外モモ

中足骨から切断

後スネ

尻尾を切断

膝関節から切断

● シカのカットチャート

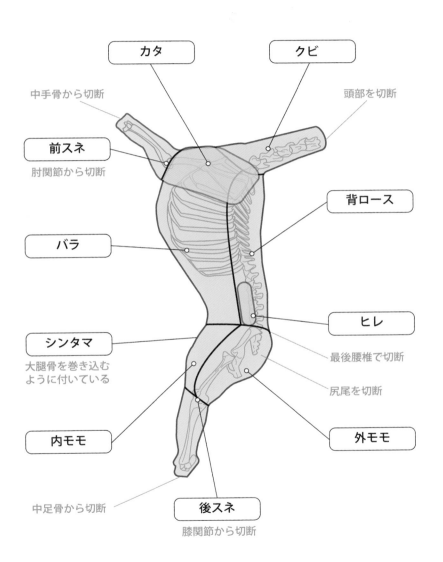

カタ	中手骨から切断
クビ	頭部を切断
前スネ	肘関節から切断
背ロース	
バラ	
ヒレ	最後腰椎で切断
シンタマ	大腿骨を巻き込むように付いている
尻尾を切断	
内モモ	中足骨から切断
外モモ	
後スネ	膝関節から切断

カタ

クビ

中手骨から切断

頭部を切断

前スネ

肘関節から切断

背ロース

バラ

ヒレ

最後腰椎で切断

シンタマ

大腿骨を巻き込む
ように付いている

尻尾を切断

内モモ

外モモ

中足骨から切断

後スネ

膝関節から切断

3

ジビエビジネス

7. 商品化とマーケティング

　ジビエの販売方法は、自社店舗販売や通信販売、ジビエを取り扱う業者への卸し、小売店への販売が一般的ですが、近年ではふるさと納税の返礼品や小学校給食といったルートも開拓されています。しかし、ジビエ市場はまだまだ発展段階であり、食中毒などの事件が起これば壊滅する危険性もあります。そこでジビエ事業者は協力し合って市場の発展をめざしましょう。

● ジビエの相場

　商品の販売価格の決定は"どんぶり勘定"ではいけません。販売価格設定方法にはいくつかありますが、基本的には1年あたりの施設運営費や人件費などを合わせた原価、20％程度の利益を足し、それを1年あたりの処理予定頭数で割って『1頭当たりの販売価格』を決めます。精肉として販売する場合は1頭からとれる肉の量（歩留まり）が、イノシシは32％、シカは28％とされているので、部位ごとにキログラムあたりの販売価格を決めます。

　2020年度に農林水産省から発表された野生鳥獣資源利用実態調査によると、ジビエの相場は右表のとおりです。この表から見ると、体重60kg・歩留まり19kgのイノシシは1頭あたり約6万4千円、体重50kg・歩留まり14kgのシカは1頭あたり約2万8千円の売り上げが見込めると考えられます。

獣種	イノシシ		シカ	
部位	平均単価 (円/kg)	販売実績 (kg)	平均単価 (円/kg)	販売実績 (kg)
モモ	3,210	13,351 (9.7%)	2,158	39,141 (23.8%)
ロース	4,436	13,208 (9.6%)	3,296	23,545 (14.3%)
カタ	3,660	5,235 (3.8%)	1,648	6,367 (3.9%)
ヒレ	4,114	882 (0.6%)	3,757	3,264 (2.0%)
スネ	2,113	758 (0.6%)	1,084	3,561 (2.2%)
その他の部位	2,823	13,360 (9.8%)	983	13,948 (8.5%)
枝肉販売	2,463	6,696 (4.9%)	910	9,346 (5.7%)
その他 (※)	4,000	83,522 (61.0%)	2,186	65,346 (39.6%)
平均/合計	3,352	134,012 (100%)	2,003	164,518 (100%)

（※）例えば、分割枝肉や骨付き肉、上記カッティング以外での部分肉販売など

　多くの処理施設では、例えばシカ肉の場合、背ロースやモモといった部位は売れる一方、スネやカタといった部位は不良在庫化しやすい傾向があります。そこで処理場によっては、骨付きの状態で販売したり、単価を安くする代わりに人気部位にスジの多い部位を付けたり、"おまけ"として付けるなどの販売戦略が取られています。

　豚肉や牛肉と比較してみると、イノシシ肉は豚肉の1.5倍から2倍ぐらい高く、鹿肉は輸入物の牛肉ぐらいの価格になります。この価格が高いと感じるか低いと感じるかは消費者次第ですが、日本ジビエ振興協会の行ったアンケートによると、ジビエ処理施設の運営は、現状の販売価格では「厳しい」とのことです。よってジビエ市場はこの価格帯以上を目指すように、ジビエの普及活動を行っていく必要があります。

　また併せて、処理場を通していないジビエの危険性についても啓蒙していく必要があります。ジビエには処理場を通さずに市場に出まわる、いわゆる「闇肉」の問題があります。このような闇肉は食中毒や異物混入などのリスクが高く、ジビエのイメージダウンにもつながります。よってジビエ市場関係者は一丸となって、闇肉の排斥活動を行わなければなりません。

● ジビエをどう料理したらいいか、市場はよくわかっていない

　2018年3月に日本政策金融公庫によって行われた『ジビエ消費動向の調査』によると、「ジビエ」という言葉を知っているのは全体の62％であり、実際に食べたことがある人は32％という結果になっています。この実際に食べたことのある人の中で「再度食べてみたい」と答えたのは76％、「食べたことが無い」人の中で「食べてみたい」と答えた人は、若い世代を中心に40％となっています。つまり今後のジビエビジネスでは、需要を開拓していくマーケティングが、より重要になるといえます。

　例えば0章1節でご
紹介した草野貴弘さん
が運営する奥日田獣肉
店では、ジビエ処理場
だけでなくキッチンカ
ーの運営も行っており、
スネなどの部位を使っ
た料理を販売していま

す。さらにこのキッチンカーではパッケージングした精肉の販売も行っており、対面でお客さんにジビエの調理方法や味付けなどの説明を行っています。このように接したお客さんのほとんどはその場でジビエを購入し、さらにInstagramを通して行う通販でリピーターとなってくれる人も多いそうです。

　また0章3節の本間滋さんの『しかや』のように、一般消費者への販売を止めて高級飲食店に絞った販売を行うのも、優れたマーケティングだといえます。しかし、高級飲食店であっても国産ジビエの認知度はまだまだ低いため、商品説明や御用聞きなどの提案型営業が必要です。マーケティングには、自治体や農協、食品系の民間団体が行う展示会や見本市、商談会などに参加するといった方法も考えられます。

　小規模経営の処理場では資金に余裕がなく、営業を行う人材を雇うのは難しいかもしれません。しかし、FacebookやTwitterといったSNSを上手く利用すれば、わずかな時間で大きな宣伝効果を生むこともできます。

● 飲食店で使用する

　ジビエを食肉として流通させるためには、ジビエ処理施設を通さなければなりません。しかし、飲食店の厨房内で捕獲した屠体を解体して料理として提供する場合は、食肉処理業の許可が必要ない場合があります。もちろん、飲食店を運営するための飲食店営業の許可は必要であり、また、厨房の広さなどが野生鳥獣を衛生的に解体処理できる常識的な造りでなければなりません。もし、地方に移住して飲食店を開きながら副業として狩猟業を始めたいと思っている人は、ハンターシェフというスタイルで行ってみるのも面白いかもしれません。飲食店営業の許可で食肉処理を行えるかの判断は保健所によるため、事前に所轄保健所に相談しておきましょう。

● 屠体での販売

　ジビエ処理施設によっては、捕獲した野生鳥獣を屠体（止め刺しのみを行い、内臓摘出や剥皮などは行わない状態）や生体（生け捕りした状態）で買い取る所もあります。屠体や生体を販売するだけであれば保健所からの事業許可は必要ないため、自身で処理場を持たないスタイルでの、一つの収入源になります。

　買取金額は処理場によって異なり、例えば1頭あたりで買い取りをするところもあれば、重量で値段を決めるところ、オス・メスや脂の乗り方で値段を決めるところなど様々です。また、処理施設の在庫状況によっては買い取りを中止することもあるので、複数の処理場とつながっておき、都度高く買い取ってくれる場所に売却するとよいでしょう。

　屠体のおおよその買い取り価格は、イノシシの場合、よく脂の乗った50〜70kgの個体で3万円ほど、脂の少ない個体や幼獣で3千円程度です。シカの場合は最高価格で2万円、最低価格だと処分代行として引き取り（タダ）といったケースが多いようです。

Chapter
4

物販ビジネス

　ジビエの小売販売や、ジビエソーセージなどの加工品販売、骨や角などのマテリアル販売、猟具や狩猟グッズの製造販売、といった『物販ビジネス』は、狩猟業を大きく進展させるビジネスモデルです。さらに物販ビジネスは猟師だけでなく、別の業界からでも参入できるビジネスチャンスとして注目を集めています。そこで本節では、これら狩猟に関する物販ビジネスについて詳しく見ていきましょう。

1. ジビエ生鮮食品・加工食品の製造販売

処理施設で生産したジビエを小売店等に販売する場合や、ジビエを加工食品にする場合は、保健所から該当する営業許可を受けなければなりません。本節ではジビエの販売、加工食品製造に必要な各種要件を見ていきましょう。

● 食肉販売業の許可

　ジビエ処理施設で生産されたジビエを、地元の精肉店や物産展などに卸し、その業者が消費者に販売するビジネスモデルでは、処理施設側は食肉販売業の許可を保健所から受けておかなければなりません。なお、ジビエ処理施設にお客さんが直接来て、ジビエを購入していくビジネスモデルでは、食品販売業の許可は原則、必要ありません。

　インターネットで販売ページを作って注文を受け発送するケースや、飲食店から電話注文を受けて発送するような場合では、食肉販売業の許可が必要になる可能性があります。また、自身が直接キッチンカー（食品営業自動車）を運営しており、そこでジビエを販売するケースでも食肉販売業の許可が必要になります。許可の要件は保健所によって違うため、詳しくは所轄の保健所に相談してください。

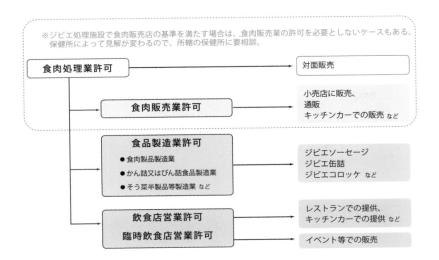

※ジビエ処理施設で食肉販売店の基準を満たす場合は、食肉販売業の許可を必要としないケースもある。保健所によって見解が変わるので、所轄の保健所に要相談。

- 食肉処理業許可 → 対面販売
- 食肉販売業許可 → 小売店に販売、通販 キッチンカーでの販売 など
- 食品製造業許可
  - 食肉製品製造業
  - かん詰又はびん詰食品製造業
  - そう菜半製品等製造業 など
  → ジビエソーセージ ジビエ缶詰 ジビエコロッケ など
- 飲食店営業許可 臨時飲食店営業許可 → レストランでの提供、キッチンカーでの提供 など → イベント等での販売

● 食品製造業の許可

　ジビエ処理施設で生産したジビエを加工食品にして販売する場合は、その製品に応じた食品製造業の許可を保健所から受ける必要があります。例えば、ハムやソーセージ、燻製肉などの場合は『食肉製品製造業』、缶詰や瓶詰めなどの場合は『かん詰又はびん詰食品製造業』、肉に衣をつけたジビエカツや、ジビエと野菜類を組み合わせたコロッケなどを製造する場合は『そう菜半製品等製造業』、などが必要になります。

　これら食品製造には、屠体の解体や精肉処理以外の調理器具や製造装置が必要になるため、施設には解体処理エリアとは別に食肉加工エリアが必要になります。また、HACCPの重要管理ポイントも食品加工に関する内容を追加しておかなければなりません。

　なお、食品を加工して直接お客さんに提供する場合は、食品加工業の許可が必要とされないケースもあります。例えば、飲食店やキッチンカーを運営している人が、厨房でジビエをソーセージなどに加工し、それを加熱調理してお客さんに提供するようなケースです。ただし、このケースでは飲食を顧客に提供するための飲食店営業の許可は必要になります。

4
物販ビジネス

● ジビエの食品表示

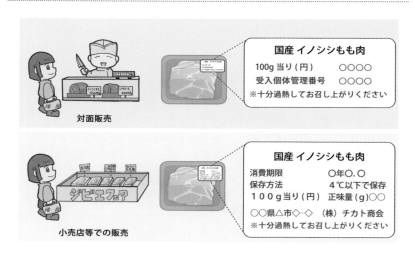

　食品を販売するためには、食品表示法、景品表示法、計量法などの関係法令に従ってラベルを作り、必要事項を表示しなければなりません。この表示する内容は一般消費者用と業務用によって違い、さらに、その食品が生鮮食品か、加工食品かによっても異なります。

　例えば、イノシシのモモ肉をスライスした食肉を普通のお客さん向けに販売するケースでは、この食品は『一般用生鮮食品』に分類されます。この場合商品には、名称、原産地、消費期限、保存方法、100グラムあたりの価格、正味量、処理施設の名称と所在地、トレーサビリティ情報、そして「生食用でないこと・十分な加熱が必要なこと」の注意書きを表示します。トレーサビリティ情報とは、販売した食品に何か問題が発覚した場合、『いつ解体処理した屠体を使ったのか』を追跡（トレース）するための番号で、ジビエの場合は受け入れ検査時に付ける受入個体管理番号を記載します。

　上記のモモ肉をスライスした食肉を、例えば飲食店や総菜屋、精肉店などへ販売するケースでは、この食品は『業務用生鮮食品』に分類されます。従来、これに分類される食品に表示の義務はありませんでしたが、現在では商品の価格と「生食・加熱食」の注意事項を除いた一般用生鮮食品と同じ内容の表示が義務付けられています。

● ジビエ加工食品表示の注意点

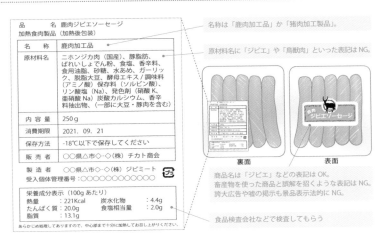

品　名	鹿肉ジビエソーセージ
加熱食肉製品（加熱後包装）	

名　　称	鹿肉加工品
原材料名	ニホンジカ肉（国産）、豚脂肪、ばれいしょでん粉、食塩、香辛料、食用油脂、砂糖、水あめ、ガーリック、脱脂大豆、酵母エキス／調味料（アミノ酸）保存料（ソルビン酸）、リン酸塩（Na）、発色剤（硝酸K、亜硝酸Na）炭酸カルシウム、香辛料抽出物、（一部に大豆・豚肉を含む）
内 容 量	250 g
消費期限	2021．09．21
保存方法	-18℃以下で保存してください
販 売 者	○○県△市◇-△（株）チカト商会
製 造 者	○○県■市◇-◇（株）ジビミート
受入個体管理番号：○○○○○○○○○○○○	

栄養成分表示（100gあたり）
熱量　　　：221Kcal　　炭水化物　　：4.4g
たんぱく質：20.0g　　　食塩相当量　：2.0g
脂質　　　：13.1g

あらかじめ処理してありますので、中心部まで十分に加熱してお召し上がりください。

名称は「鹿肉加工品」か「猪肉加工製品」。

原材料名に「ジビエ」や「鳥獣肉」といった表記はNG。

商品名は「ジビエ」などの表記はOK。
畜産物を使った商品と誤認を招くような表記はNG。
誇大広告や嘘の掲示も景品表示法的にNG。

食品検査会社などで検査してもらう

　ジビエを使ったソーセージや缶詰などを、お客さんや小売店に販売するケースでは、この食品は『一般用加工食品』という分類になります。この場合、商品には、名称、原材料名、内容量（ソーセージなどの場合は本数）、消費期限、保存方法、加工処理施設の名称と住所、注記事項、トレーサビリティ情報を記入します。また別枠に、加工食品に含まれる熱量、たんぱく質、脂質、炭水化物、食塩相当量に該当する栄養成分を表示します。これらの表示方法（文字フォントや配置など）は食品表示法で定められたルールがあるため、詳しくは消費者庁の案内を確認しながらラベルを作成してください。

　表示義務のある「名称」の項目は、例えば「ソーセージ」や「ハム」のように、その加工食品の種類を示すものを食品表示基準に従って付ける必要があります。しかし、ジビエを原料とした加工食品には食品表示基準が整備されていないため、「ソーセージ」や「ハム」などの名称を付けることができません。そこで名称には「鹿肉加工品」や「猪肉加工品」といった表記にします。

　鹿・猪合いびき肉（加工食品）をソーセージ工場などに販売する場合は、上記一般用加工食品とほぼ同じ内容の表示を行います。ただし内容量や栄養成分表示については表示の義務はなく、任意表示事項とされています。

2. ジビエペットフードの製造販売

ジビエ処理施設から出る骨や内臓、端肉といった部位は、残滓として産業廃棄物に出すとキロ20〜70円のコストがかかるため、屠体1体あたりの利益率を圧迫してしまいます。そこで近年では屠体を丸ごと利用する方法として、ジビエを使ったペットフードの開発が注目されています。

● ジビエペットフード

　屠体1体を食肉のみに利用した場合、イノシシの68%、シカの62%の部位は骨や皮、内臓などの残滓（ざんし）として処分されます。しかし、屠体を食肉＋ペットフードに利用した場合、屠体1体当たりの利用率は80%ほどまで上がるため、残滓は約20%まで圧縮できます。つまり、残滓の処理に産業廃棄物処理料として1kg 70円かかるとした場合、60kgのイノシシでは1頭あたり2,000円のコストカットとなり、年間100頭処理したとすれば20万円近くのコストカットになります。

　ただし、ペットフードに利用するジビエは人間用の食肉ではないからといって、不衛生でいいわけではありません。ペットフードの原料としてジビエを販売する場合は、人間用の食肉と同じ水準で衛生管理を行い、また、自社でペットフードを製造する場合は、ペットフード安全法と呼ばれる法律に従わなければなりません。

● ペットフード安全法

ペットフード安全法の要点は、以下の5項目が上げられます。

①届出

ペットフード製造を行う事業者は、事業開始前に都道府県を管轄する地方農政事務局に届出を提出する。

②帳簿の備え付け

製造したペットフードの名称や数量、製造年月日、原材料の名称及び数量を帳簿に記録し、2年間保存する。

③立ち入り検査

国、または独立行政法人農林水産消費安全技術センター（FAMIC）による立ち入り検査を受ける。

④ペットフードの表示

製造するペットフードには、名称、賞味期限、原材料名、原産国名、事業者名および住所を表示する。

⑤ペットフードの安全基準

農薬や重金属等に汚染された原材料ではないことを確認する。

ジビエを利用してペットフードを製造する場合は、特に⑤の安全基準に注意しなければなりません。ジビエは他の原材料よりも寄生虫や病原性細菌の保有リスクが高いため、必ず加熱して製造しましょう。また、出荷前には金属検出器による検査を行い、細菌試験紙を使って微生物（特にサルモネラ菌）の抜き取り検査も定期的に行うようにしましょう。その他、ペットフードの製造に関する一般的な注意点については、農林水産省、またはFAMICのHP等で確認をしてください。

なお、屠体を丸ごと粉砕して、加熱・圧搾して作る肉骨粉は、イノシシの場合はペットフードとして利用可能です。しかし、シカの場合は海外で異常タンパク質によるシカ慢性消耗病が蔓延していることから、シカ肉骨粉を原料とした飼料、肥料の製造は禁止されています。なお、これらの病気は罹患したシカの唾液や糞、尿などを摂取しなければ感染しないとされているため、肉や骨についてはペットフードとして利用可能です。

● ジビエペットフードの事例

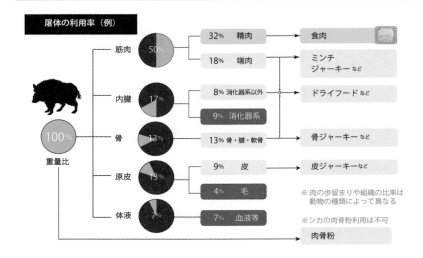

屠体の利用率（例）

- 筋肉 50%
  - 32% 精肉 → 食肉
  - 18% 端肉 → ミンチ ジャーキー など
- 内臓 17%
  - 8% 消化器系以外 → ドライフード など
  - 9% 消化器系
- 骨 13%
  - 13% 骨・腱・軟骨 → 骨ジャーキー など
- 原皮 13%
  - 9% 皮 → 皮ジャーキー など
  - 4% 毛
- 体液 7%
  - 7% 血液等

100% 重量比

※ 肉の歩留まりや組織の比率は動物の種類によって異なる

※シカの肉骨粉利用は不可

肉骨粉

　ペットフードには、乾燥させた粒状のドライフードや、水分が10％から40％ほど含まれたソフトドライフード、練り加工製品、素材乾燥食品、菓子状製品、容器密封加圧加熱殺菌製品（缶詰やパウチなど）、さらには、他の餌に加える「ふりかけ」や、サプリメントなど様々なタイプがあります。このような中で、特にジビエを使ったペットフードとして人気なのが犬用の「おしゃぶり」です。

　犬は噛むことによってストレスを発散させ、さらに唾液を出すことによって口内のケアを行います。このような犬用の"噛み物"には様々なペット商品がありますが、中でもイノシシやシカの骨、オスジカの角などは自然的な硬さで噛み心地がよく、さらに、砕いて飲み込んでも腸内を洗浄しながら便として排出されるため、健康的でもあります。

　また、食肉として人気の無いウデやスネといった部位、アキレス腱、軟骨、消化器系以外の臓器（赤モツ）を粉砕して調合し、エクストルーダーと呼ばれる加圧押出機で発泡・成形したドライフードもジビエペットフードとして人気があります。このような筋肉以外の部位も使ったペットフードは肉単体に比べてミネラル分や必須アミノ酸が自然的なバランスで配合されおり、一般的なドライフードよりも健康的であると評価されています。

● 動物園の餌に使う『屠体給餌』

近年、国内の動物園では、屠体給餌と呼ばれる取り組みが注目を集めています。本来、野生に生息するライオンやトラ、オオカミ、ヒグマといった肉食動物は、しとめた獲物の肉だけでなく、骨や髄、内臓、消化器官に含まれる内容物まで食べています。こういった"一物全体食"は、先にも述べたように動物が本来必要とする栄養素がバランスよく含まれています。さらに肉食獣は肉を食べるだけでなく、屠体を舌でなめたり、歯で砕いたり、四肢を使って引きちぎったりと様々な食べ方をすることで、食事に"遊び"を見出しています。対して動物園における肉食獣は、狭い場所に閉じ込められ、さらに餌の時間や内容が決まっています。このような環境は肉食動物にとって大きなストレスとなり、檻の中をウロウロと徘徊したり、自傷行為をするといった異常行動につながります。

そこで近年、飼育動物の幸福な暮らしを実現する『環境エンリッチメント』という思想のもと、狩猟で捕獲された野生のシカやイノシシを丸ごと餌として肉食獣に与える屠体給餌が行われています。この屠体給餌は海外ではすでに多くの動物園で行われており、肉食獣のストレス軽減効果が高い取り組みとして受け入れられています。

屠体給餌に適した屠体は、同然ながら人間が食肉に出来るレベルの物でなくてはいけません。しかし丸ごとの屠体からは、病変や寄生虫、病原性細菌などの感染の判断が困難なので、これらの危険性が比較的高い頭部と内臓、血液は取り除くことが推奨されています。また、屠体給餌を初めて行うと、肉食獣によっては、生まれて初めて目にする『皮の付いた肉』に困惑することもあります。よって給餌用の屠体を提供する場合は、動物園側とよく話し合い、衛生管理や提供方法などを検討しましょう。

3. 狩猟マテリアルの製造販売

　狩猟で得られる「山の恵み」といえば野生鳥獣の肉（ジビエ）がイメージされがちです。しかし、ひと昔前まで野生鳥獣の価値は肉よりも、毛皮や角、骨や脂といった部位にあり、これらは衣類や日用品、医薬品などの原料（マテリアル）として重宝されていました。野生鳥獣のマテリアルとしての価値は、現代においてはほとんど失われていますが、それでも、その色合いや独特の雰囲気は、未だに多くの人を引き付ける魅力を持っています。

● 骨の利用

　マテリアルとしての動物の骨は、茹でて油分を抽出して『にかわ』と呼ばれる接着性物質を作り出したり、高温で焼却した骨灰を肥料や研磨剤、乳白色陶磁器（ボーンチャイナ）の原料にしたり、骨を蒸し焼きにした骨炭を黒色顔料や活性炭、胃腸薬や解毒剤などに利用されてきました。これら製品のほとんどは化学製品に代替されていますが、骨炭は砂糖（サトウキビ）の脱色や不純物除去の目的で、現在でも使用されています。

　狩猟から得られる骨の用途としては、削り出してアクセサリーにしたり、トロフィー（狩猟の成果）として壁掛けにされたりします。このような骨は「スカル」と呼ばれ、現代でも装飾品として根強い人気があります。

● スカルの作り方

　スカルの製作方法は色々あり、例えば、皮を剥いで骨に付着した肉を荒削ぎして、残った肉は地面に埋めて微生物に分解させる方法が最も簡単です。しかし、この方法でスカルを作り出すのは1〜2年かかり、またタヌキなどの動物が掘り返して骨をバラバラにしてしまうなどの問題があります。

　そこで、スカル製作は茹でる方法がオススメです。これは、下処理した骨を掃除用の重曹で数時間煮込み、いったん取り出して余分な肉や軟骨を掃除してから再び煮込みます。

これを2、3回ほど繰り返して、最後にクエン酸を加えて漬け置きすると、綺麗なボーンホワイトをしたスカルが作れます。動物の頭を長時間煮込むのは大変な作業に思えますが、野外にかまどを作って薪で炊けば、放っておいても出来上がります。

● スカルを販売する

　狩猟マテリアルの製造販売は事業許可が必要ないので、処理施設の店頭に並べておいたり、雑貨店や道の駅に卸して販売されたりしています。また近年では、メルカリやヤフオ

クなどで販売するケースも多く、平均して8,000円、高値では15,000円ほどの値が付いています。ただしオスジカのスカルを販売する場合は、角が邪魔で配送料がかさばってしまう点に注意しておきましょう。また、鼻先の骨が割れやすいので、必ず緩衝材などで養生をしておきましょう。

● 毛皮・なめし革

　狩猟における野生獣の毛皮は、衣類や敷物、日用品などに広く利用されていました。特に毛皮をなめして耐久性や防水性を持たせた『なめし革』は、衣類や日用品だけでなく武具や馬具の材料としても利用されていたため、近代まで重要な戦略資源とされていました。現在でも革はマテリアルとして広く利用されていますが、畜産業が発達した現在においては『と畜場』から提供されるウシやブタの原皮が利用されており、野生鳥獣から得る必要性は失われています。

　しかしニッチな業界では、いまだにシカやイノシシの毛皮が求められています。例えば、シカのなめし革はブタやウシなどに比べて柔らかく、手にフィットする優しさがあるので、手袋や小物入れ、ガラス製品を拭く布、珍しいところではスピーカーの裏張り（エッジ）などにも利用されています。イノシシの皮はブタの皮とほとんど同じですが、ブタにはない怒毛（頭頂から背中にかけての剛毛）があり、高級ブラシの毛や靴の縫い糸などに需要があります。

　これらのなめし革や毛皮、毛といったマテリアルには専門業者がいないため、取引先を探すのは難しいといえます。しかし、レザーワークやハンドクラフトをする人の中には自然由来のマテリアルを欲しがる人も多くいるので、これらの人とインターネットやSNSなどで繋がることで、商流を作ることができるはずです。

● なめし革の製作は業者委託がオススメ

　なめし革を作る方法には、薬局などで購入できるミョウバン（硫酸カリウムアルミニウム・十二水和物）を使ったミョウバンなめしや、柿渋などを使ったタンニンなめし、動物の脳みそを使った脳漿なめし、などがあります。

　製作の流れは、まず屠体から剥がした原皮を洗浄し、付着した脂や肉をこすり落とす『せん』を行います。その後、なめし液を浸透させやすくするための前処理、なめし液漬け、乾燥、揉み込みといった工程を行い、数週間から1カ月ほどかけて1枚のなめし革をつくります。このように、なめし皮製作は"商売"として考えた場合、手間に見合っているとはいえません。よって、なめし革の製作は専門業者に外注する方が現実的だといえます。

　外注する場合は、業者に一枚ずつ原皮を送っていては送料が跳ね上がって利益が出ません。そこで、剥ぎ取った原皮はすぐに塩をまぶして新聞紙などにくるんで冷凍保存し、何枚か貯めてから業者へ配送するとよいでしょう。加工料は業者によって違いますが、平均的に1枚5,000円から6,000円ほどです。ビジネスとして定期的に取引を行えるのであれば、加工賃を引き下げる交渉も可能なはずです。

● 油脂

　石油製品が無かった時代における動物の油脂は、ロウソクなどの燃料や薬、石鹸、肥料、農薬、機械の潤滑油など様々な利用価値がありました。狩猟マテリアルとしても、シカから取れる鹿脂（ろくし）や

猪脂、またタヌキの脂やアナグマの脂などは、古くから医薬品や石けん、ハンドクリームなどに利用されており、さらに、燃やしたときにパラフィンのような人工的な臭いが無いため、アロマセラピーのロウソクなどにも使われています。

　油脂の精製方法は、骨や非食部位を水からゆっくり煮出し、冷まして表面に浮いた脂の膜を回収し、これを何度か繰り返して水気を切ります。生成するのに時間がかかりますが、少量であれば炊飯器で簡単に作ることもできます。

4. 狩猟用品の製造販売

「ゴールドラッシュで一番儲けたのは、金脈を掘り当てた人ではなく、ツルハシを売っていた人だった」という有名な話があります。このようにビジネスでは、ある業界のプレイヤーになるよりも、その業界に必要な物資や資材、サービス等を供給するサプライヤーになった方が、ビジネスチャンスを掴めることもあります。

● 狩猟・ジビエ業界に注目するサプライヤー

一般社団法人日本能率協会が主催する『鳥獣対策・ジビエ利活用展』では、狩猟業界やジビエ業界で活用できる様々な製品が出展されています。

一例として、シカの群れを上空から確認するドローンや、ICTを利用した罠の発信機、電気柵や侵入防止システム、屠体の冷蔵運搬技術、ジビエの衛生管理機器などがあり、出店しているメーカーも大手電機、機械、通信会社などに加え、ICT機器開発などのベンチャーも参加しています。

● まずは需要を知ること

需要の一例	製品・サービスの一例
誤射などの事故を防止したい	目立つ狩猟用衣類、GPSを利用した猟隊同士の距離管理システム
狩猟の後継者を育てたい	教育カリキュラム、師弟マッチングアプリ
獲物を早期発見したい	狩猟用サーマルスコープ、ドローン
獲物に気付かれることなく近づきたい	野生鳥獣の視認性を低めた狩猟用衣類、足音低減シューズ、銃猟用ツリースタンド
野生鳥獣の行動を予想したい	捕獲場所・時間等の記録システム、シカの移動AI予想システム
罠見回りの手間を低減したい	ICT・LPWA罠発信機、ARIB STD-T99準拠型罠発信機
安全かつ効率的に止め刺ししたい	電気止め刺し器、鼻くくり、拘束用ロープアセンダー
屠体の引き出しや運搬を省力化したい	軽量型ポータブルウィンチ、軽トラ・軽SUV用フレーム
ハチやマダニに刺されるリスクを避けたい	総合忌避剤
屠体を効率よく解体したい	懸吊補助器具、解体用テーブル、ナイフ類
衛生を保った状態で屠体を運搬したい	軽トラ等に外付けする冷却システム、屠体の入るチルドボディバッグ（屠体収納袋）
屠体の入荷管理を省力化したい	入荷処理システム、ブロックチェーントレーサビリティシステム

　サプライヤーとしてビジネスを行うためには、まずはその業界の“需要”を知らなければなりません。例えば現在の狩猟業界やジビエ業界には、上表のような『お困りごと』があります。これについてどのような製品を提供するかはサプライヤーの考え方によって違いますが、ビジネスの原則は『お困りごと』を解決することです。市場に喜ばれるような製品を投入できれば、大きなビジネスチャンスを生み出すことができるはずです。

4

物販ビジネス

● 個人で開発製造した猟具の販売

　0章3節でご紹介した太田製作所の太田さんのように、個人で猟具の開発・製作・販売を行う人も増えています。一般的に外部業界のサプライヤーは、市場調査に多額の費用と時間を使うことになりますが、自身が猟師でありサプライヤーでもあれば、狩猟・ジビエ業界の需要を肌で感じることができます。しかし、個人で猟具を開発製造する場合は、販売方法が一番のネックになります。特に猟具は需要が限定的なので、自社店舗を持ったり、小売店に卸したりするのはコスト的に難しいといえます。

　そこで効果的なのがEC（イー・コマース）です。ECとはインターネット上にお店を開く、いわゆるネットショップです。ECは開業に必要な資金がほとんど必要なく、また、下表に示すように様々な運営スタイルがあるため、事業規模に合わせて運営することができます。

ECの分類	解説	例
自社サイト型EC	HPを作って商品の説明や価格などを掲示し、それを見た顧客から注文を受けるEC。運用コストは低いが、注文処理や会計機能を独自に用意しないといけない。	Wordpressでホームページを作り、ECcubeなどで注文や会計のシステムを構築する
ショッピングカート ASP型	お店のフロントページや注文処理、会計機能などがパッケージ化されたEC。プログラミングの知識が無くても気軽にECサイトを始めることができる。ただし、売上げにロイヤリティがかかる。	STORESやBASE、MakeShop、JIMDOなど
テナント型	ECモール内に店のページを作成するタイプのEC。専用の検索システムから集客が見込めるが、テナント料やロイヤリティが発生する。	楽天市場 Yahooショッピング
マーケットプレイス型	ECモールに販売したい商品を登録するタイプのEC。商品の受注、発送、売上処理などがすべて自動化されているため、運用の手間がかからない。ただし、販売店側の情報が公開されないため、自社ブランド力が成長しにくい。	Amazon

● せどりビジネス

　「狩猟・ジビエ業界の需要はわかるけど、自分で商品を開発製造するのは難しい」という人には、せどり（転売）というビジネスモデルもあります。「せどり」や「転売」という言葉には、マスクやゲーム機を買い占めて高く売りつける悪いイメージがありますが、せどりは需要の低い市場から高い市場へモノやサービスを移動させ、需給のバランスに貢献するという真っ当なビジネスです。

　例えば、『狩猟やジビエ生産に役立つものだけど、日本の市場には無い商品』があったとします。これをあなたが海外のECやフリマサイトなどで買い付け、日本の市場に流せば、多くの人が喜ぶうえに、そこから利益を生み出せます。このように、需要の低いところから需要が高いところへモノを移動させるのは、商売の基本であり、立派なビジネスといえます。ただし、需要のある商品を買い占めて供給量を減らし、意図的に価格を吊り上げるのは健全なビジネスとは言えません。もちろん"資本主義的な考え"としては、これも一つの商売ですが、その商品を買えないで困る人が出るような行為は慎むべきです。

　なお、日本国内でせどりを行う場合は、都道府県公安委員会から古物商許可を受けなければなりません。破産中の人や反社会集団に属しているといった欠格要件に当てはまらなければ、手数料19,000円で許可を受けることができるので、忘れずに手続きをしておきましょう。

5. 銃砲の製造販売

　猟具の開発・製造・販売はよほど特殊な物でない限り、事業を規制する法律等はありません。しかし銃砲の製造・販売に関しては、武器等製造法に定められた猟銃等製造事業者許可や猟銃等販売事業許可と呼ばれる事業許可を受けなければなりません。

● 武器等製造法とは？

　武器等製造法とは、拳銃や自動小銃などの銃砲や、銃砲弾、産業・娯楽・スポーツ以外で使用する爆発物などの製造を規制する法律です。このような「武器」と呼ばれる物品を製造するためには、経済産業大臣から武器等製造事業者の許可を受けなければなりません。ただし、製造販売する銃砲が『猟銃・空気銃』に該当する場合は、都道府県知事から猟銃等製造事業者や猟銃等販売事業者の許可を受けることで事業を行うことが可能で、一般的に猟銃・空気銃の製造（修理や改造などを含む）・販売を行うビジネスは「銃砲店」と呼ばれています。少しややこしいので補足しますが、2章で解説した銃を所持するための銃所持許可は、"都道府県公安委員会"の管轄です。対して、銃砲店を開業するために必要な事業許可は、"地方政府（都道府県）"の管轄になっているので、混乱しないように注意しましょう。

● 銃砲店営業許可の要件

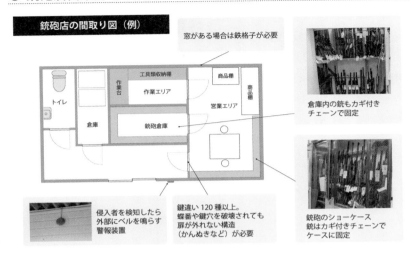

銃砲店の間取り図（例）

窓がある場合は鉄格子が必要

工具類収納棚
商品棚
作業台
作業エリア
トイレ
営業エリア
商品棚
倉庫
銃砲倉庫

倉庫内の銃もカギ付き
チェーンで固定

侵入者を検知したら
外部にベルを鳴らす
警報装置

鍵違い120種以上。
蝶番や鍵穴を破壊されても
扉が外れない構造
（かんぬきなど）が必要

銃砲のショーケース
銃はカギ付きチェーンで
ケースに固定

猟銃等製造事業者、猟銃等販売事業者の許可を与える判断基準は都道府県によって違いますが、おおむね以下にあげる要件を満たしておく必要があります。

①銃を保管する場所が管理上支障がない立地であること。

②銃を保管する場所が金属製ロッカーや堅固な構造の建造物内であり、確実に施錠できる錠を備えていること。または、銃をチェーンなどで堅固に固定でき、確実に施錠できる設備があること。

③保管する銃の数量に応じた収容能力を有すること。

④保管しているロッカーや設備を容易に持ち運びできないこと。

⑤非常時のさい、外部に通報する装置を備えていること。

銃を保管する施設は、外部から侵入されないような堅固な部屋でなければなりません。しかし、木造戸建ての場合は改修に費用がかかるので、備え付けの大型ガンロッカーで許可を受けているところもあります。

また鉄筋コンクリート造りの施設であれば初めから堅固性が保たれているため、マンションの一室で銃砲店を行っているところもあります。銃砲店は人ではなく施設に下りる事業許可なので、廃業する予定の銃砲店を引き取って、新しく運営するところもあります。

● 銃砲店の需要

　日本国内で銃砲店の事業許可を受けることは、面倒くさい手続きは必要ではありますが、難易度は"ちまたのイメージよりも"高くはありません。しかし現在の日本で「銃砲のビジネスをする」という点については、なかなか厳しい状況だといえます。

　日本の猟銃業界は、1960年代後半の高度経済成長期に起きた狩猟ブームに乗って成長し、多くの銃砲店が誕生しました。しかし1980年代に入ると狩猟者数が徐々に減少し、さらに2007年に佐賀県佐世保で起きた猟銃乱射事件で銃の規制が厳しくなると、銃の需要は大幅に減少し、国内の主要銃器メーカーも1社を残してすべて倒産しました。

　このように銃砲の市場は完全に斜陽産業です。よって、現在の日本において銃の製造でビジネスを始めるのは、かなり厳しい状況だといえます。さらに銃の販売においても、海外メーカー製品の銃は既存の銃砲店が商流を完全に抑えていることから、新規参入は分が悪いといえます。

● 既存の銃砲店に無いサービスでブレイクスルーの可能性

　銃砲の国内市場は低迷していますが、付加価値のあるサービスを提供できればビジネスチャンスはあります。例えば、銃のパーツに水圧転写フィルムで塗装や模様を付けるサービスがあります。これはホビーガンの市場で人気のサービスですが、既存の加工業者は猟銃等製造事業者の事業許可を受けていないため、実銃は扱えません。そこで、このような新興技術を持つ銃砲店を立ち上げることができれば、大きなビジネスチャンスをつかむことができるかもしれません。また、中古の銃砲はメルカリなどに出品できないため、各地の銃砲店と提携して銃のリユース情報サイトを作成できれば、これも新しいサービスになる可能性があります。

　銃砲の中でも、ハイパワーエアライフルは比較的新しい分野なので、まだまだ成長が望めます。これらのエアライフルは国内で修理や改造ができる銃砲店も少ないため、マンションの一室で「エアライフルのメンテナンス・改造専門銃砲店」というスタイルも、スモールビジネスとしては成立しそうです。

● 銃の輸入販売

　海外から銃を輸入して販売する場合は、輸入承認申請書を経済産業省に提出して承認を受け、陸揚げされる場所の税関に提示しなければなりません。この輸入承認書には、輸入数量、銃砲の名称、原産地、銃の全長、銃身長、口径長、発射機構などを記載します。

　通関作業は、一般的な商品であれば代行業者に頼めますが、銃の場合はその"特殊性"を嫌って、大抵の代理業者は引き受けてくれません。そこで通関手続きは事業者自身が行うか、一般貨物自動車運送業者に依頼します。銃は所持するためには公安委員会からの許可が必要ですが、配送作業は所持では無いため、所持許可は必要ありません。

● 銃砲火薬店の開業

　猟銃に使用する実包や雷管、火薬といった猟銃用火薬類の取り扱いは、火薬類取締法にもとづく火薬類販売営業許可を都道府県知事から受けなければなりません。なお、この許可は銃砲店の事業許可とは別物なので、銃砲店によっては猟銃用火薬類を取り扱っていないところも多くあり、銃と火薬の両方を取り扱う銃砲店は「銃砲火薬店」と呼ばれます。

　猟銃用火薬類は、火薬5kg以下、雷管2,000個以下、実包・空包800個以下までなら、堅固なロッカーや金庫内で保管できます。しかし、それ以上を保管する場合は火薬庫を用意しておかなければなりません。火薬庫の要件は都道府県によって違いますが、例えば耐熱性の堅牢な施設であることや、周囲に病院や学校が無いこと、施設に避雷針を設けていることなどが必要になります。また、これらの施設を管理する人は経済産業省管轄の国家資格である火薬類取扱保安責任者の資格免許を受けておく必要があります。

4　物販ビジネス

Chapter

5

情報戦略

　ビジネスでは、ヒト、モノ、カネが経営資産と呼ばれていますが、も
う一つ欠かせない要素が「情報」です。人との信頼関係やコネクション、
商品のブランド力といった情報の力は、ヒト・モノ・カネを上手く運用
するための潤滑油になるだけでなく、情報自体が多大な利益を生む資
産にもなりえます。本章では狩猟・ジビエビジネスの経営戦略につい
て、主に情報という観点から考えてみましょう。

1. 「情報」とは？

ビジネスは、ヒト（人的資源）、モノ（物質資源）、カネ（財務資源）、そして情報（情報資源）の4大経営資源が欠かせません。しかし「情報」は目に見えないため、イマイチどういった存在なのかわからない人も多いと思います。そこで本題に入る前にビジネスにおける「情報」の存在について、理解を深めておきましょう。

● 脳と人工知能における情報プロセス

　私たちの住む世界には無限ともいえる様々な情報が存在します。そこで私たちの脳は、この情報の渦の中から「必要だ」と感じた情報のみを取り出して、頭の中で整理し、一つ一つの行動を決定しています。

　例えば、今あなたの目の前に「腐っていそうなケーキ」が置いてあるとします。このときあなたがケーキを食べるか・食べないかの判断をするためには、まず、脳は五感から得た様々な情報をふるいにかけて、必要と判断した情報のみを受けとります。次にあなたの脳は、過去に見たケーキの色や匂い、腐った物の色や臭いなどの情報を記憶から引き出し、収集したケーキの情報と比較します。そして最後に"意思決定"を出し、ケーキを食べる・捨てるなどの行動を行います。

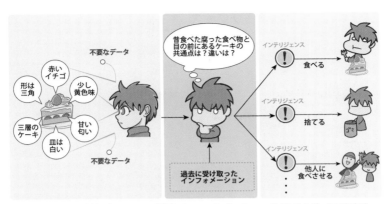

①データから必要な情報（インフォ
メーション）を収集する

②得たインフォメーション
を処理して、案を生み出す

③インテリジェンスにより
判断をし、行動に移す

　この例において、まず、ケーキが持っている情報をデータといいます。データには様々な内容が含まれており、その中には判断材料とは関係のない内容も含まれています。この無数のデータから必要な情報だけを取り出す行動を情報収集といい、収集されたデータのことをインフォメーションと呼びます。人間の脳は非常に優秀なので無意識的に情報を収集できますが、人工知能の研究では『フレーム問題』と呼ばれる、必要と不必要の情報を上手く線引きできないといった問題が発生します。

　情報収集されたインフォメーションは、脳の中で過去の情報と比較したり、推定したり、情報と情報を組み合わせて新しい情報を作ったりします。この行動は情報処理と呼ばれており、コンピュータの世界では演算と呼ばれます。この情報処理についてはコンピュータの方が人間の脳よりも格段に速く行えます。

　最後に脳は、処理された情報に対して最適と判断した情報を一つ選び、それを行動に移します。この"判断をすること"はインテリジェンスと呼ばれ、日本語では「知能」と訳されます。この「知能」は人によって違うため、導き出される行動も人によって違います。2021年時点ので人工知能は、人間の知能を追従する程度でしかありませんが、数十年後には人間の知能を追い抜く可能性も指摘されており、この水準となる知能レベルはシンギュラリティ（技術的特異点）と呼ばれています。

5

情報戦略

● ビジネスにおける情報プロセス

①市場（マーケット）から必要な情報（インフォメーション）を収集する

②得たインフォメーションを処理して、商品・サービスの案を生み出す

③案の中からインテリジェンスにより経営判断を行い、商品やサービスを生産する。

　先の話における「情報」は、生物や人工知能研究における例でしたが、ビジネスにおいても情報の流れ（プロセス）はまったく同じです。例えば、ある会社が新商品を開発しようとしたとします。このとき、まずは世間から「その商品を欲しがっているのはどんな人か？」や、「その人の年齢や性別は？」、「過去に類似の商品を買ったことがあるか？」などの情報を収集します。このように無数の人からビジネスに必要となる情報（インフォメーション）を収集することをマーケティングと呼びます。

　会社は過去のデータや自社の強み、扱える原材料などの情報を統合し、マーケティングから得た情報と比較したり、統計を出したり、傾向を取ったりします。この処理した情報から開発担当は、商品を「どのようなモノ・サービスにするか」、「いくらで売るか」、「広告や宣伝をどのように打つか」などの情報にまとめ、最終的な判断は経営者が行います。この判断基準は、経営者が持つ経験や、経営方針などによって変わるため、これがビジネスのインテリジェンスといえます。

　以上のように、ビジネスにおける情報の流れは、①必要なインフォメーションを得るためにマーケティングを行うこと、②情報を処理して経営方針を決めること、③インテリジェンスを駆使して実際の行動（経営）を行うこと、の3つのステップを通過して行われます。

● 情報資産

　ビジネスにおける情報は、様々な形で収集・処理され、生物でいう「記憶」のように蓄積されていきます。また、事業活動の中で生み出された情報のプロセスは、例えば、情報収集の方法や、取引先との人脈、情報処理のノウハウ、インテリジェンスのパターンなどといった形で蓄積されていきます。

　このように、蓄積された情報は、同じくビジネスを行い続ける中で蓄積されていく人的資産（ヒト）、物的資産（モノ）、財務資産（カネ）と併せて重要な経営資産の一つとして考えられるため、情報資産と呼ばれています。

　ビジネスは、その会社（事業主）が持っているヒト・モノ・カネ・情報の経営資産を運用して、新しい利益を生み出す活動です。そして、この経営資産を「どのように運用していくか」を長期的な目線で考えることを経営戦略といい、特に、情報資産の運用方法について考えることを情報戦略と呼びます。

5
情報戦略

「情報」のまとめ	
データ	この世に存在するあらゆる情報。
情報資源	データを生み出す人や団体、事象など。
情報収集	データの中から目的に必要な情報を抜き取る作業。
インフォメーション	情報収集によって抜き取られた必要なデータの集まり。
情報処理	情報を加工して、決定に必要な情報を生み出すこと。処理は数学的・言語的など様々な手法がある。
インテリジェンス	情報処理された結論をもとに、行動の判断を下す能力。「知能」とも呼ばれ、人や組織によってその基準は異なる。
情報資産（※）	人や組織に蓄えられた情報（インフォメーション）や、ノウハウ、人脈、インテリジェンスなど。
情報戦略	ビジネスの目標を達成するために、情報資産をどのように運用するか考えること。

（※）ソフトウェアも情報資産と言われるが、本書では「モノ（無形物資産）」の一種と考える。

2. 狩猟・ジビエビジネスにおける情報戦略

「情報戦略」といった言葉を聞いた人の中には、「そんなのは、狩猟ビジネスには関係ないんじゃないの？」と思った方も多いと思いますが、それは違います。狩猟ビジネスは資源が不安定という欠点があり、人の知識や技術、お金の力ではどうにもならないこともあります。よって経営戦略においては、情報の重要性が他のビジネスに比べて、むしろ高いといえます。

● 狩猟ビジネスにおける情報資源

　2章で解説したように、狩猟ビジネスにおけるマネタイズ（収入を生む）ポイントは、野生鳥獣を捕獲して報奨金を得ることです。つまり狩猟における"マーケティング"とは、例えば山の中に残された獲物の足跡や、寝屋の跡、荒らされた畑、目撃証言、といった情報を集めることだといえます。

　通常、マーケティング行うマーケッターは、情報の偏りを防いだり、嘘の情報の影響を小さくするために、IT技術を駆使しながら大量の情報を収集します。しかし、狩猟の場合は情報源がアナログな存在なので、IT技術などで効率化することはできず、また、人一人が五感を使って得る情報量には限界があり、さらに、素人とベテランの差（人的資本の差）で時間当たりに得られる情報量も違います。

一人の人材で収集できる情報は限られている　　協力者が増えれば得られる情報量が増加する

　そこで狩猟ビジネスで重要になるのが"協力者"を増やすことです。協力者、すなわち、野生鳥獣の出没情報や目撃証言などを提供してもらえる情報提供者を増やすことで、売上（報奨金など）を増やすことができます。

　協力者を得るために重要になるのが、2章でもお話した『評判』という情報資産です。「この人なら野生鳥獣被害を減らしてくれる」といった評判が広まれば、獲物の情報や猟場情報を提供してくれる人も増え、結果的に売り上げを伸ばすことにつながります。

　なお、ビジネスにおいてマーケッターをタダで雇えないように、狩猟ビジネスにおける協力者についても、タダで情報を得ることはできません。そこで、0章6節でご紹介した藤本さんの例のように、ジビエというモノ（物的資源）を情報（情報資源）と交換することが効果的です。しかし、ここで注意しておかなければならないのが、物的資源と情報資源の交換は"評判"という情報資産があってこそできるということです。例えば、何者かもわからない人がプレゼントを持ってきて「私に協力してください」と言ったとしても、誰もそんな怪しい人には協力しないはずです。このように、ジビエはあくまでも交換の対価であり、重要なのは"評判"という情報資産であることを理解しておかなければなりません。

● ジビエ・物販ビジネスにおける情報収集

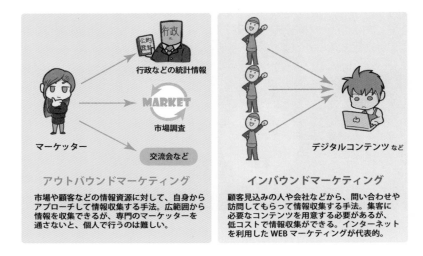

行政などの統計情報

MARKET

市場調査

マーケッター

交流会など

アウトバウンドマーケティング

市場や顧客などの情報資源に対して、自身から
アプローチして情報収集する手法。広範囲から
情報を収集できるが、専門のマーケッターを
通さないと、個人で行うのは難しい。

デジタルコンテンツ など

インバウンドマーケティング

顧客見込みの人や会社などから、問い合わせや
訪問してもらって情報収集する手法。集客に
必要なコンテンツを用意する必要があるが、
低コストで情報収集ができる。インターネット
を利用した WEB マーケティングが代表的。

　ジビエ・物販ビジネスは、先の例に出した一般的なビジネスと構造は同じです。よって、ジビエや狩猟マテリアルなどの商品を売るためには、まずは市場を調査して、それを欲しがっている人や相場などの情報（インフォメーション）を収集する必要があります。

　情報収集は、規模の大きい市場であればプロのマーケッターや専門の業者がいますが、ジビエ市場はまだまだ規模が小さいため、外部に調査を依頼するのは困難です。そこで3章6節でも触れた、農林水産省が公表している『野生鳥獣資源利用実態調査』や、日本政策金融公庫が公表している統計、一般社団法人日本ジビエ振興協会などが公表している統計などを利用しましょう。日本政策金融公庫の出している統計には、『1次産業の経営動向分析』や『食の志向調査』といった、食品に関するビジネス全般で利用可能な情報が公開されています。

　政府の公表している統計データは、e-Statというポータルサイトで、過去のデータを含めて無料で閲覧できます。また、日本政策金融公庫の情報は、同団体のホームページから→『刊行物・調査結果』→『農林水産事業』→『農業食品に関する調査』という流れでアクセスできます。

● 個人で市場調査を行うのに最適なWeb解析

　市場調査は政府や団体が出している情報だけでなく、個人で行うことも可能です。とはいえ、例えば路上インタビューや電話調査などを個人的に行うのは膨大な労力を使いますし、そもそもデーターの数（母数）が大きくなければ正確な市場調査とは言えません。さらに個人的な調査では、『自身の持つ仮説や信念に合う情報を無意識的に収集してしまう』という確証バイアスと呼ばれる心理現象が働いてしまうため、収集したインフォメーションには偏見や間違った情報が含まれる危険性が高くなります。

　そこで近年、個人で情報収集をするさいによく利用されるのが、Web解析です。これは、ホームページやコーポレートサイト（企業のホームページ）などのWebサイトに解析ツールを埋め込み、Webサイトを閲覧しに来た人の情報を収集する手法です。解析ツールには様々な種類がありますが、近年ではGoogleアナリティクスやGoogleサーチコンソールがよく用いられており、Webを見に来た人の性別や年齢、住んでいる国・都道府県、検索ワード、閲覧ページなど多数の情報を収集できます。この手法のように、顧客見込みの人などに来てもらって情報の提供を受ける方法はインバウンドマーケティングと呼ばれており、情報収集以外にも宣伝・広告にも利用されています。

5

情報戦略

● 育ったWebサイトは情報資産になる

　Web解析により十分な量のインフォメーションを集めるためには、例えば、狩猟やジビエに関する情報を集めたサイトや、ジビエレストランや関連団体のハブとなるポータルサイト、また狩猟やジビエに関する情報を発信するブログなどを作り込み、閲覧者数（顧客見込みの数）を増やすことが重要になります。

　このようなWebサイトの構築は一朝一夕でできるものではなく、長い時間とコストがかかります。しかし一度作り上げたWebサイトは半永久的に情報資源を生み出してくれる情報資産となります。さらに、そこから得られる情報は一般的に公開されていない"希少"な情報資源なので、ライバルよりも大きな情報的アドバンテージを得ることができます。

3. ジビエの付加価値

「100円のコーラを1,000円で売る」という話があります。これは、普通に売られている1本100円のコーラでも、超一流ホテルがルームサービスとして提供すれば、1杯1,000円でも喜んで購入するお客がいる・・・という話です。この例のように、商品の値段はモノの価格で決まるわけではなく、そこに情報資産を加えた付加価値によって大きく変わります。それでは、ジビエや狩猟マテリアルなどにはどのような付加価値を付けていけばよいか、考えてみましょう。

● 価格と価値

　モノの値段には『価格（プライス）』と『価値（バリュー）』という2つの異なる要素があります。まず価格とは、モノの原価と利益を足した金額のことです。例えば、ある製品の原価（原料費＋運送費＋人件費など）が100円だとしたら、そこに利益率22％（製造業の平均利益）をかけた122円（＋税）が、その製品の価格になります。「価格競争」という言葉があるとおり、消費者は全く同じ商品選ぶときは、1円でも安い方を手に取ります（※市場経済の原則）。そこで商品を作る側は商品のコストを下げて、1円でも価格を下げる努力を行います。

　対して価値とは、モノに対する人の興味や高級感、限定性といった情報資産の値段になります。例えばビンテージ物の服は、本来のモノとしての価格が1,000円だったとしても、それを「10,000円払ってでも買いたい！」という人がいます。つまりこの人は、その服に対して希少性や優越性といった情報的な付加価値を見出しており、差額9,000円は『情報資産の値段』と言い換えることができます。このように値段を上げる情報資産は付加価値と呼ばれています。つまり、モノやサービスを売るビジネスでは、価格のコストダウンを行って市場の過酷な価格競争に勝ち残るか、付加価値を高めて独自の路線を進んでいくか、どちらかを選択しなければなりません。

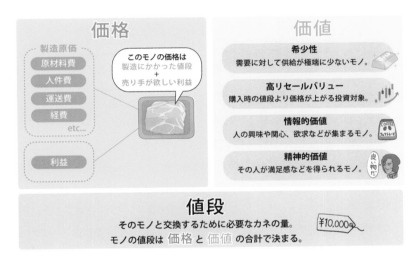

3章でお話した通り、ジビエはウシやブタなどに比べて衛生管理にコストがかかり、しかも資源が不安定という宿命的な欠点を持っています。よって大幅なコストカットによって、牛肉や豚肉などの食肉と価格で競争をすることは、まず不可能です。また角や骨、油脂などの狩猟マテリアルを販売する物販ビジネスでも、プラスチックや化学製品といった安価な代替物があるため、コストで競争するのは不可能です。よってジビエ・物販ビジネスでは、商品に付加価値を付けていくことが唯一の情報戦略だといえます。

● ポジショニング（差異化）

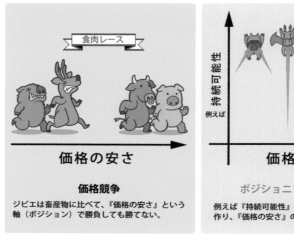

価格競争

ジビエは畜産物に比べて、『価格の安さ』という
軸（ポジション）で勝負しても勝てない。

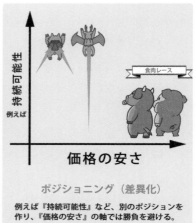

ポジショニング（差異化）

例えば『持続可能性』など、別のポジションを
作り、『価格の安さ』の軸では勝負を避ける。

　付加価値について考えるうえで重要になるのが、ポジショニング（差異化）です。ポジショニングを簡単に説明すると、その商品が他の商品と“何が違うか”を明確にすることです。

　例えば、100円の豚肉と200円の猪肉があったとして、猪肉を広告するときに「豚肉にそっくりな猪肉」と宣伝したら、お客さんはどう思うでしょうか？　間違いなくほとんどの人は、豚肉と同じなら、わざわざ高いお金を出して猪肉は買わないはずです。それでは、「豚肉とは○○が違う猪肉」と宣伝した場合ではどうでしょうか？　もちろんその宣伝の内容にもよりますが、その違いに魅力を感じるお客さんであれば、倍の値段を払ってでも猪肉を手に取るはずです。このように、「この商品は他と何が違うのか」、「これを買うと、他よりもどういったお得があるのか」といった情報を商品に加えることを、ポジショニング（差異化）といいます。

　ジビエにおける差異化の例では、0章2節でご紹介した「しかや」の事例のように、クリーンキルという他のジビエにはない“こだわり”を持つことで、差異化しているケースもあります。

● ジビエの差異化の一例（SDGs）

　ジビエを一般的な食肉と差異化する情報の一つにSDGs（エスディージーズ）という考えがあります。SDGs（Sustainable Development Goals）とは、2015年の国連サミットで決議された国際指針で、日本語では「持続可能な開発目標」と訳されています。この内容を大雑把に解説すると、「2030年までに世界中が協力して、目標にかかげることに取り組んで、達成すること」であり、その目標には『極度の貧困と飢餓の撲滅』や『女性の地位向上』、『質の高い教育』、『気象変動への対策』など、全部で17の項目があります。

　この項目の中で、狩猟やジビエビジネスに関連するのが『15.緑の豊かさを守ろう』です。この項目では、「陸上生態系の保護、回復及び持続可能な利用の推進、土地の劣化の阻止ならびに生物多様性損失の阻止」が上げられており、1章でご紹介したように野生鳥獣の増加による生態系被害防止などが当てはまります。つまりジビエには「サスティナブル（持続可能）な環境保護活動に貢献できる食肉」という、畜産物にはない付加価値（ポジション）を持っているといえます。

　近年、人種差別や女性軽視の発言がいたるところで問題になっているように、世界的なメガトレンドであるSDGsに逆流する思想は激しい向かい風を受けます。しかし、逆にこの流れを追い風として受けることができれば、ビジネスを大きく発展させる推進力になります。

5

情報戦略

● ブランディング

　商品を高く売る付加価値として一般的にイメージされるのが『ブランド』です。確かに「ブランド物のバッグ」といったワードには、あたかも高級品であるかのようなイメージがあります。しかしブランドという言葉には本来「価格を高くする」という意味があるわけではありません。

『ブランド』とは？

同じ値段なら知っている方を買おう！

購買意欲

中身はまったく同じモノだが、他社からブランドだけを借りて販売する手法を OEM 製造という。

100円チョコが欲しいのでこっちを買う

10円チョコが欲しいのでこっちを買う

ブランド物のバッグが高いのは『ブランド』に値段が付いているのではなく、高リセールバリューや情報的価値、精神的価値の値段と考えられる。

　「チロルチョコ」を思い出してみましょう。1個10円のチロルチョコと、1個10円の無名メーカーのチョコがあった場合、多くの人はどちらを選ぶでしょうか？　おそらく、多くの人はチロルチョコを選びます。なぜなら「チロルチョコ」というブランドを知っている人が多いため、同じ値段であれば"よく知っている方"を選ぼうとするのが消費者心理だからです。

　それでは、1個100円のチロルチョコと、1個10円の無名メーカーのチョコがあった場合、どちらを選ぶでしょうか？　その答えは、「100円のチョコを買いたい人はチロルチョコを買うし、10円のチョコを買いたい人は無名メーカーのチョコを買う」です。なぜなら、例え「チロルチョコ」のブランドを知っている人が多くいたとしても、「10円のチョコを買いたい」と思っている人は、10円のチョコを選んで買うためです。

　つまり『ブランド』とは、同じ商品が並んでいたときに"選ばれやすくなる"という付加価値であり、ブランドを付けたからといって商品が高く売れるわけではないのです。ジビエにおいても、例えば「〇〇産ジビエ」といったネーミングでブランディングが行われていますが、このブランドを付けたからといって消費者が相場の価格よりも高く買うことはありません。モノの価値を上げるためにはブランドではなく、先にお話した「ポジショニング」によって他の商品と差異化することを考えなければなりません。

　とはいえ、「ブランディングは意味がない」と言っているわけではありません。市場が成熟してくると商品間に差異が少なくなり、いつしか同じような商品が市場にあふれて価格競争に発展するのも事実です。こういったときのために市場が未発達の内から、ブランドを育ていくのも必要な情報戦略だといえます。

● 伝え方を変える

　付加価値を付けるためには"伝え方"も重要です。例えばシカのスカルを販売するさいに、「これはシカの骨です」といって販売するか、「これは立体アートの素材です」といって販売するかによって、消費者に伝わる価値が変わります。

　この例で言うと、「シカの骨」と伝えた場合は「シカのスカルを欲しがっている人」という限定された人にしか刺さりませんが、「アートの素材」として伝えた場合は、多くのアーティストに訴求力を生みます。

　この例のように商品を販売するさいは、伝え方をよく考えてみましょう。伝える技術には色々とありますが、まずは、その商品を欲しいと思う顧客の姿を想像し、その人が普段どんな言葉を使っているかを考えてみましょう。このように消費者を疑似化する手法は、ペルソナマーケティングと呼ばれています。

5
情報戦略

4. コンテンツビジネス

情報は、それ自体を販売して利益を得ることもできます。しかし、情報を販売するビジネスにおいても、これまでお話してきたように、いかに付加価値を付けていくかが重要になります。

● 情報をカネに変換する仕組み

　情報を商品にするビジネスは色々ありますが、最も一般的なのは情報を文章や絵画、写真、ストーリー、音楽、教養などに加工して販売するコンテンツビジネスです。

　コンテンツの販売方法は、例えば本や雑誌といった紙媒体にして販売する方法や、インターネットを通じて電子データとして販売する方法、コンテンツをテレビやラジオ、情報サイトなどのメディアに販売する方法、コンテンツに企業などが広告を付けるアドセンスやアフィリエイトといった方法、有料メルマガなどの会員制情報サイトにして会費を得る方法、近年では動画コンテンツなどで視聴者がメッセージを送る権利を購入する「スーパーチャット」や「投げ銭」で受ける方法など様々です。

● コンテンツビジネスの価格と価値

　コンテンツビジネスで利益を得るためには、『コンテンツのレアリティをあげること』と、『情報の価値を上げること』が重要になります。コンテンツのレアリティとは、例えば、これまで誰も目にしたことの無かった『新種の昆虫』と、その辺にいる『普通の昆虫』がいたとします。この昆虫に関する情報を発信したときに、多くの人が「お金を払ってでも知りたい」と思うのは、間違いなく新種の昆虫です。このようにコンテンツは、希少性（レアリティ）が高いほど価格が付きやすく、一般的（コモディティ）であるほど価格がつきにくいといった特徴があります。

　また情報の価値とは、先の商品・サービスを売るビジネスと同じように、人の興味や関心、信仰、ブランディングといった情報資産の値段です。例えば、『超有名人』と、『名も知らない人』がいたとします。この二人がまったく同じコンテンツを配信したときに、多くの人が「お金を払ってでも知りたい」と思うのは、超有名人が発信する情報です。これは両者の発信する情報に価格（レアリティ）の差はありませんが、発信者の"ブランド"という付加価値が、購買意欲を左右したと考えることができます。

● 狩猟・ビジネスをテーマにしたコンテンツ

　近年、狩猟やジビエをテーマにした小説や漫画、動画などのコンテンツが増えてきています。このようにコンテンツが増加することは、狩猟やジビエ業界の注目度を上げる効果がある一方で、情報のレアリティが下がるためコンテンツの価格自体は低くなっていきます。よってこれから狩猟・ジビエをテーマにコンテンツビジネスを始めたい人は、差異化による付加価値の向上を考えていかなければなりません。

　狩猟やジビエをテーマにしたコンテンツで、実際に"売れている"付加価値には、例えば、狩猟キャンプやジビエ野外料理、アイドル系女性ハンターなどがあります。もちろんこれらの付加価値を模倣しても、情報のレアリティが下がるので利益は得られませんが、狩猟はアウトドア全般に、ジビエは料理という巨大カテゴリーと相性が良いため、まだまだ発掘されていない付加価値は存在するはずです。

● エコツーリズム

　コンテンツビジネスは、文章や絵、音楽、動画といった著作物だけでなく、例えばイベントやインストラクティング、ツアーガイドなどを通じて顧客に経験や体験を提供するタイプも含まれます。これらの中で、特に自然環境や文化などを体験・紹介するコンテンツは『エコツーリズム』と呼ばれており、狩猟・ジビエも、このエコツーリズムのコンテンツとして、よく利用されています。

　狩猟・ジビエをコンテンツにしたエコツーリズムには、狩猟体験や罠シェアリング、ハンティングスクールなど様々な取り組みがあります。コンテンツとしては、野生鳥獣の捕獲と、ジビエを食べるという体験・経験をセットにするのが定番です。よって、このようなエコツアーを企画するさいは、獲物を捕獲できる知識と技術、ジビエの衛生的な処理技術と知識を持つ人材が必要になります。

● コンテンツビジネスの宣伝

　コンテンツビジネスを行う場合、それを宣伝して集客しなければなりません。しかし、テレビや雑誌などのマスメディアで集客しようとすると、宣伝費が多額になり採算が合いません。そこでオススメなのがWeb集客です。

　Web集客には様々な種類があり、例えばyahoo!などのプラットフォーム内に広告を表示させるディスプレイ広告、googleなどで入力したキーワードに合わせた広告を表示するリスティング広告、TwitterやFacebookのタイムライン内に表示されるネイティブ広告、youtubeなどの動画広告などがあります。

　これらWeb広告のメリットは、その人が過去に検索したワードや閲覧したページの種類などが分析され、最も広告に興味を持つであろう人に自動的にレコメンド（提案）される点です。また、Web広告の多くは閲覧者が広告をクリックすることで広告料が発生する成果報酬型の料金体系になっているため、費用当たりの広告効果が高いのが特徴です。

● コンテンツの成長は時間がかかる

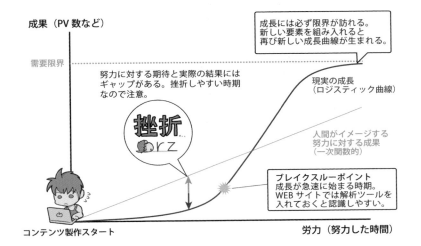

コンテンツビジネスの集客数や閲覧数は、なかなか伸びていかないので、途中であきらめる人も多くいます。しかし、コンテンツに限らず"成長"という現象は、直線的ではなく曲線的であることを覚えておきましょう。

コンテンツの閲覧数や視聴回数は、記事投稿や動画投稿といったコンテンツ制作のコストに対して、初めは緩やかに上昇します。しかし、ある一定の点（ブレイクスルー）まで来ると、そこから大きく伸び始め、需要限界に近づくにつれて鈍化します。このような成長曲線はコンテンツに限らず、生物の成長やビジネスの成長、さらに1章で紹介した野生鳥獣の増加数のように、あらゆる現象が同じカーブを描きます。この成長曲線は数学的にも裏付けされており、ロジスティック曲線と呼ばれています。

このようにコンテンツの集客数や視聴数は、ブレイクスルーに達するまで成長が実感しにくくなっています。よってコンテンツビジネスでは「努力に対する採算が合わない！」と感じて途中で止めてしまう人が多くいますが、そこは一旦冷静になり、「ブレイクスルーに入れば、それ以降は大きく成長していく」ということを思い出しましょう。コンテンツの製作にかけた時間や努力は消費ではなく"投資"なので、良いときも、悪いときも、コツコツと続けていくことが重要です。

5

情報戦略

5. "守り"の情報資産

情報は、商品やサービスに付加価値を与えたり、情報自体をコンテンツとして販売したりと"攻め"に使うことができますが、一方で、様々な不利益から私たちやビジネスを"守る"のにも必要です。

● 情報は身を守る盾になる

太平洋戦争で日本軍が敗北した要因の一つに、「レーダー開発を軽視しすぎた」という逸話があります。この話によると、日本軍は飛行機のエンジンや魚雷といった攻撃に使える技術開発を優先しすぎ、レーダーなどの敵を早期発見して防御を固める技術開発にリソースを割かなかった、とされています。この話を聞いた人の中には、「戦いには攻めも守りも重要なのは当たり前じゃん」と笑う人が多いと思いますが、このような『守りに使える情報』をおろそかにするのは、ビジネスの世界でもよく見られる傾向です。

ビジネスでは、その活動に協力してくれるビジネスパートナーや、株主などの利害関係を共にしてくれるステークホルダー、商品やサービスを購入してくれる消費者など、好意的な関係を持つ人達が多くいます。しかし

その一方で、ビジネスのライバルとなる競合他社（コンペティター）や、こちらの利益が相手にとっての不利益となる利益相反の相手、理由は無いのに言いがかりをつけてくるアンチ（クレーマー）など、敵対的な関係を持つ人たちも必ず現れます。これらの人たちに、こちらから攻撃を仕掛ける必要性はありませんが、相手からの攻撃に対しては防御を固め、場合によっては反撃する必要があります。しかしそのさいに、相手がいったい何者で、どのような攻撃を受けているのかわからなければ、防御も反撃もしようがありません。よってビジネスにおいては、敵対的な関係となる相手や障害となる事象について情報を収集しておき、その存在をあらかじめ把握して対策を練っておかなければなりません。

● 分かりあえないことを分かりあう

「敵対的な関係」という言葉を聞いた人の中には、「話し合えば理解し合える」と思った方もいると思います。しかしビジネスに限らず人間関係は、思想が完全に平行であることも多く、これに対して意見をぶつけ合うのは"まったくの無駄"だといえます。

例えば狩猟・ジビエ業界においては、動物愛護を支持する人や、肉食に反対する人とは、思想が完全に平行なので相容れる点がありません。よってお互いの言葉は相手に受け止められることは無いため、何一つ相手の行動を変えることはできません。このような言い争いは労力を無駄にしているだけでなく、第三者から見ると「醜い言い争いだ」と思われて、どちらにとっても評判を落とす不利益になります。

英語には"We agree to disagree."（分かりあえないことを分かりあう）というフレーズがあります。これは決して、「分かりあえないことは悪いことだ」という意味ではなく、「お互いの価値観の違いを尊重して、お互いに別々の道を進んでいきましょう」という意味になります。ビジネスにおける敵対関係者についても、この「分かりあえないことを分かりあう」という考えを理解し合い、お互いに接点を持たないように行動することが大事だといえます。

5

情報戦略

● 動物福祉の思想と誤解

　動物愛護や反肉食活動とは別の考えに、動物福祉（アニマルウェルフェア）という思想があります。この思想は、狩猟・ジビエビジネスの従事者から見て、しばしば動物愛護と同じと思われていますが、動物福祉は狩猟においても必ず理解しておかなければならない思想の1つだといえます。

　動物福祉とは、「人間が動物に対して与える痛みやストレスなどを最小限に抑えよう」という思想で、ウシやブタといった家畜、イヌやネコといったペットが、人間の手よって虐待、ネグレクト（飼育放棄）、過密飼育、病気に対する治療拒否、実験体として使役といった扱いを受けて、不幸な状態になるのを防止することを目的にしています。この思想について、私たち狩猟・ジビエ業界関係者が理解しておかなければならないのが、動物福祉は『動物の食肉利用』や『狩猟や有害鳥獣駆除』といった活動を"否定してはいない"ということです。

　動物福祉が狩猟に求めていることは、例えば、「罠にかかった獲物はなるべく早く止め刺しをする」や、「止め刺し時には苦痛の少ない方法で行う」、「銃で捕獲するさいは即死する方法で行う」、また「有害鳥獣に対しては、まず人間が誘引するような行為を止める」などがあります。

　狩猟・ジビエ業界関係者の中に「有害鳥獣は苦しめて殺すべきだ！」という意見を持つ人はいないと思います。実際に猟師と呼ばれる人たちは、獲物に対して深い敬意を持っていますし、捕獲した屠体を雑に扱うことはありません。これは"信条"という精神面からだけでなく、手負いの獲物から反撃を受ける危険性を防いだり、ストレスで肉が傷んでジビエとしての価値を損なうことを防ぐ、といった実益的な理由もあります。つまり狩猟・ジビエ業界は、動物福祉の思想と相反する点はなく、むしろ親和性の高い思想として取り込んでいく必要性があります。

　世間には様々な思想があり、ビジネスとして協力していける思想もあれば、障壁となる思想もあります。そこで、これら思想は正しく情報を収集しておき、ビジネスの武器や守りに使えるようにしておきましょう。

● 供養による周囲への配慮の必要性

　狩猟・ジビエビジネスを行う人は、捕獲した野生鳥獣を供養する方法を考えておきましょう。これは「供養しないとバチが当たる」といったオカルト的な話ではなく、あなたが周囲の人から悪いイメージを持たれないようにするために必要な取り組みです。

　動物の殺生に関するビジネスでは、必ずその動物の供養が行われています。例えば、漁師には魚を供養する日があったり、と畜場や牧場には、と殺や病気で死んだ家畜の供養塔が設けられています。これらの供養を行う理由は、経営者や従事者が「バチ」を恐れているわけではなく、ビジネスパートナーや従業員の家族、親族、近隣住人といった第三者に対して"精神的配慮"をしていることの表明だといえます。このような考え方は日本人的な価値観だとは思いますが、少なくとも日本でビジネスを行うのであれば、その慣習に従う必要はあります。

　供養の方法は人それぞれなので、高額な石を買ったり、大々的な法事を行ったりする必要はありません。例えば地元の神社に定期的に参拝したり、猟場の近くにある祠の水替えなどでも良いでしょう。大事なのは、精神的な配慮をしていることを周囲に認めてもらうことです。

　この章でお話してきたように、情報には商品のブランドやネームバリューといった、持っているだけで得をする資産としての価値があります。しかし逆に、レッテルや悪評といった、持っているだけで損をする負債になる面もあります。このような情報的負債を抱え込まないようにすることも、ビジネスでは重要な情報戦略だといえます。

おわりに

　私が「孤独のジビエ」というブログで、初めて『狩猟ビジネス』について考察したのは、2015年3月のことでした。当時はまだ指定鳥獣保護管理計画制度が制定されて日が浅く、ジビエの食肉利用についても法的に"うやむや"な状態だったので、ビジネスが育つ土壌としては未熟な状態でした。しかし、あのときから数えてかれこれ5年。狩猟やジビエといった市場は・・・決して盛大に花開いたわけではありませんが、少しずつ私が予想していた未来に近づいてきたかなと感じています。それでは次の5年で狩猟ビジネスは、どのように変わっていくのでしょうか？

　一番の変化は間違いなく、猟師の"価値観"だと思います。皆様もすでにご存じの通り、狩猟ビジネス（レジャーも含む）業界は平均年齢68歳という超高齢化状態であり、5年後までには確実に若い世代への交代が行われます。そして、このとき狩猟ビジネスを牽引する人材は、これまでとはまったく異なる価値観を持っていると思われます。

　狩猟ビジネスを担う新しい世代とは、例えば、株式投資や不動産投資により早期退職した、いわゆるF.I.R.E.（Financial Independence Retire Early）を実現した『F.I.R.E.猟師』や、リモートワークで都会的な仕事を持ちながらも田舎で働く『副業猟師』、また、田舎で築古物件のDIY大家やシェアハウス経営といった事業を掛け持ちしながら狩猟を行う『起業家猟師』、さらに、認定鳥獣捕獲事業者といった企業と契約して活動を行う『サラリーマン猟師』といった人たちです。このような人たちは、ある程度の経済的な自由を持っているため、働き方は金銭的な条件よりも、時間的・精神的な自由性に重点を置いた価値観を持っています。よって狩猟ビジネスは、「いかに銭を稼ぐか」よりも「いかに人生を"豊か"に過ごすか」といった考えにシフトしていくと思われます。そして、その流れと併せて、ジビエという商品も価格ではなく、情報的・精神的な価値を見出す商品へと昇華していくと思われます。

　もちろん狩猟・ジビエ業界には、世代交代以外にも様々な変革が必要であり、また、多くの課題を乗り越えていかなければなりません。私は、この5年間で業界の黎明期・導入期を見てきましたが、これからも引き続き狩猟・ジビエビジネスがどのような成長期に入っていくか、見届けていきたいと思っています。詳しくは『チカト商会』というサイトで情報を発信していますので、ご興味のある方はそちらも併せてご覧ください。

　最後に、本書にご協力いただきました皆様と、秀和システム社のＴ編集者様、そして、妻と生まれてくる娘に深い感謝の意を述べて、締めくくらせていただきたいと思います。

2021年3月1日

東雲 輝之

●協力者一覧（敬称略）

株式会社　野生鳥獣対策連携センター

株式会社　あくあぐりーん

奥日田獣肉店　草野 貴弘

しかや　本間 滋 / 森本 祥予

合同会社太田製作所　太田 政信

ちづDeer's　赤堀 広之

東 良成

藤元 敬介

山本 暁子

●著者紹介

東雲 輝之（しののめ・てるゆき）

1985年生まれ。狩猟、ニホンミツバチ養蜂、釣り、スピアフィッシングなど、獲って食べる"キャッチ＆イート"を中心に活動するアウトドアライター。罠猟をもっと身近にする『罠シェアリング』や、エアライフルショッピングサイト『エアライフルジャパン』、狩猟ポータルサイト『チカト商会』などを運営。

●参考文献・参考資料

1章・2章 (狩猟ビジネス編)

- 鳥獣被害の現状と対策 (農林水産省農林振興局, 令和2年11月版)
- 野生鳥獣被害防止マニュアル-イノシシ、シカ、サル、カラス (捕獲編) - (農林水産省, 平成21年3月版)
- 有害鳥獣の捕獲後の適正処理に関するガイドブック〜自治体向け〜 (国立環境研究所 資源循環・廃棄物研究センター, 2019年11月版)
- 野生動物による被害対策—特色ある人材育成プログラムの実例— (合同会社まかく堂, 2017年3月31日発行)
- 野生動物による被害対策—特色ある実施体制の実例— (合同会社まかく堂, 2016年3月発行)
- ニホンジカシリーズ 増えすぎたシカとの共生に向けて「鳥獣保護法」から「鳥獣保護管理法」へ (松本純治, 水利科学, No.339, 2014)
- シカ個体群の歴史から自然生態系保全を考える-敬意を知ると見えてくるもの- (北海道大学 北方生物圏フィールド科学センター 和歌山研究林, 揚妻直樹, 2015年2月28日)
- 最新の鳥獣保護管理制度の概要 (特定鳥獣の保護・管理に係る研修会 (上級編カワウ) 環境省自然環境局野生生物課鳥獣保護管理室, 平成29年10月)
- 特定鳥獣保護管理計画制度の概要 (環境省自然環境局野生生物課 鳥獣保護業務室, 千葉康人, 平成24年12月)
- オオカミを放つ—森・動物・人のよい関係を求めて (白水社, 丸山 直樹, 須田 知樹, 小金澤 正昭, 2007年3月15日 第2版)

3章 (ジビエビジネス編)

- 野生鳥獣肉の衛生管理に関する指針 (ガイドライン) (厚生労働省, 令和2年5月版)
- 野生鳥獣肉の衛生管理等に関する実態調査の結果について (厚生労働省, 平成31年3月22日版)
- よさこいジビエ衛生管理ガイドライン (高知県, 平成27年12月版)
- ひょうごシカ肉活用ガイドライン (兵庫県, 平成23年1月版)
- 小規模ジビエ処理施設向けHACCPの考え方を取り入れた衛生管理のための手引書 (一般社団法人 日本ジビエ振興協会, 平成31年5月版)
- ジビエハンドブック (一般社団法人 日本ジビエ振興協会, 2019年3月28日 第1版)
- 小規模な食肉処理業向けHACCPの考え方を取り入れた衛生管理のための手引書 (食肉流通HACCP導入マニュアル作成委員会, 令和元年6月)
- エゾシカ処理の実態調査及び衛生的な処理の検討について (北海道東藻琴食肉衛生検査所, 黒澤拓也 他,)

● ジビエの消費動向（日本政策金融公庫, 平成30年3月22日版）

狩猟を仕事にするための本

発行日	2021年 3月20日	第1版第1刷

| 著　者 | 東雲　輝之 |

| 発行者 | 斉藤　和邦 |
| 発行所 | 株式会社　秀和システム |

〒135-0016
東京都江東区東陽2-4-2　新宮ビル2F
Tel 03-6264-3105（販売）Fax 03-6264-3094

| 印刷所 | 三松堂印刷株式会社 | Printed in Japan |

ISBN978-4-7980-6379-9 C0076